要有多坚强，才能 念念不忘

王菲的那些年那些歌

虞玑◎著

中国华侨出版社

图书在版编目(CIP)数据

要有多坚强，才能念念不忘：王菲的那些年那些歌 / 虞玘著.
—北京：中国华侨出版社，2015.3

ISBN 978-7-5113-5248-4

Ⅰ.①要… Ⅱ.①虞… Ⅲ.①人生哲学–通俗读物

Ⅳ.①B821–49

中国版本图书馆 CIP 数据核字(2015)第042890号

要有多坚强，才能念念不忘：王菲的那些年那些歌

著　　者 / 虞　玘
责任编辑 / 严晓慧
责任校对 / 高晓华
经　　销 / 新华书店
开　　本 / 870 毫米×1280 毫米　1/32　印张/8　字数/180 千字
印　　刷 / 北京建泰印刷有限公司
版　　次 / 2015 年 4 月第 1 版　2015 年 4 月第 1 次印刷
书　　号 / ISBN 978-7-5113-5248-4
定　　价 / 29.80 元

中国华侨出版社　北京市朝阳区静安里 26 号通成达大厦 3 层　邮编：100028
法律顾问：陈鹰律师事务所
编辑部：(010)64443056　　64443979
发行部：(010)64443051　传真：(010)64439708
网址：www.oveaschin.com
E-mail：oveaschin@sina.com

前言

对于王菲，太多人有自己的想法，有好有坏，有认可有怀疑，有人把她说得一文不值，也有人把她供在高高的天后神坛上，对于我来说，更多的是把王菲作为我成长过程中的一个树洞。这样说来好像很不合理，但是王菲对于我来说，真的如童年陪伴我的洋娃娃，随着成长，在我的生命里刻下了别的歌手不可替代的痕迹。

王菲，无论是她的歌声，还是她的经历，我想都是那个时代，甚至也是这个时代的标签。我不知道曾经有多少人在喜怒哀乐的每个瞬间都有王菲的音乐陪伴，我也不知道又有多少人把王菲当作自己的榜样，期待着有一场像王菲一样轰轰烈烈的爱情和一个不平凡的人生。我多么希望我可以如她一般，对于爱情敢爱敢恨，勇敢追逐自己爱的人，不在意别人的眼光，不在意世俗的评价；对于人生，我也多希望可以跟她一样，在自己热爱的事业上登到顶峰，一生都可以为了自己喜欢的东西而奋斗并得到世人的认可。

除了这些，我想王菲对于我的陪伴还有很多，从年少无知到现在的长大成熟……

在我青春年少、懵懂无知的时候，就有王菲的音乐陪伴，走在大街小巷，听到音像店里传出来一遍又一遍的《流年》歌声，电视里的娱乐频道充斥满了关于王菲的点点滴滴，我想就是那个时候，王菲已经和我的豆蔻年华联系在了一起，在音乐里，在报纸、电视里，她慢慢教会着我如何去对待爱情，如何去对待人生。

后来，我进入了最美好的大学生活，到现在我对那首《浮躁》印象还是很深刻，那是多么美好的时光啊，一切都好，只缺烦恼，我想再也不会有其他的歌曲可以代表那四年的美好时光了。在那四年里，我关注最多的是王菲对于爱情的看法，最佩服的是她那般为了爱情奋不顾身的勇气，那四年里，王菲的太多歌曲教会我如何去恋爱，也陪伴着我青涩爱情里的每一个开心、悲伤的瞬间。

后来，随着慢慢长大，关注王菲的已经不仅仅是那些脍炙人口的歌曲，关注更多的是歌曲里王菲的唱腔，歌曲里的意境，还有王菲那颗永为了音乐而勇于突破的勇气，在我最初工作的时刻，在我从学校进入了社会感到孤独无助时，那一首首歌曲《笑忘书》《单行道》……都告诉我，每个人都是走着这样孤单、无奈的旅程，我并不是孤独一个人，而且黑暗总会过去，时光总不会薄待心怀希望的我们。

我想王菲会永远是我爱情和人生道路上的陪伴者和导师，在她的歌声里，在她的故事里，倾听我自己的故事和喜怒哀乐，时间还是在往前走着，今后的旅程中还会有着许许多多不曾经历过的或开心或难过的故事，但好在，一路有你陪伴，往后的旅程就不会孤单……

第一辑

／

人生
就如一首歌

第一辑

／

嘿，我从来
都没有了解过爱情

第五辑

005

无关其他，
我只爱自说自话

第六辑

/

我希望
你快乐

第一辑

/

人生就如一首歌

/

小的时候总以为自己与别人不同，

好像全天下的人都不可能有同我一般的体会，

待我慢慢长大后，终于明白过来，谁说没有人理解你，

那一首首歌不都像是在描写自己？

长大后，很多时候，听歌其实是在听自己。

听的是自己的痛苦、快乐，听的是自己的人生。

歌里的境遇都相似，只是细节不同。

还好还好，等到我老去，记忆也都不分明的时候，还有这一首首歌，

提醒着我那些年不会回来的过去，还有那些年我学会的大道理。

浮躁

——那时候一切都好，只缺烦恼

九月天高人浮躁

九月里平淡无聊

一切都好　只缺烦恼

《浮躁》这张专辑发行于 1996 年，这一年，王菲只推出了这一张国语专辑。但这张由张亚东、窦唯监制，王菲创作了 8 首歌的词曲的专辑却成了迄今为止她最杰出的专辑，这张专辑让她登上了那个时代的巅峰。

王菲曾经说过，《浮躁》是她最喜欢的专辑，因为在这里她可以完全不在乎市场，只注重追求自我，充分展现自己对于音乐的理解。在这张专辑里，王菲的声音自由、随性、洒脱，可以说这一年应该是王菲最快乐的一年，此后因为是情感风波或是音乐创造，再也难见这样的王菲了。

追随王菲很久的歌迷是非常推崇这张专辑的，因为其中8首歌曲是由王菲自己作词作曲，离开了林夕的词，这张专辑更像是完完全全属于王菲自己的作品。虽然《浮躁》在销量上叫好不叫座，但凭借《浮躁》，王菲于1996年10月14日成为继巩俐之后第二个登上美国《时代》周刊封面的华人艺人。

这这张专辑发行一个月后，王菲和窦唯奉子成婚，可以说这张专辑也算是他们二人的爱情见证。我一直觉得，不说这段爱情的结局如何，但这个时候的王菲是最快乐的，她找到了音乐上的知音和灵魂上的伴侣，她有了和最爱人的爱情结晶，这首歌里除了王菲轻快的哼唱，只有一句歌词，便是九月里平淡无聊，一切都好，只缺烦恼。大多数人回顾此生，又有多少时光可以被描述为一切都好，只缺烦恼呢。

如果让我自己来形容哪一段的生活最为平淡无聊、无烦、恼的话，应该就是毕业前的一个月吧。再无课业负担，只等待毕业的时光，那个时候，天空蓝如画一般，我们都如此年轻，笑也大声，做事也疯狂。我们跑去大海边上玩了整整一天，回来的时候全身皮肤晒成粉红色，第二天大家互相嘲笑对方有多黑。我们包了一个别墅玩了一整晚，后来喝酒喝到不省人事，闹出了多少笑话。我们打着三国杀，笑声大得差点掀翻了屋顶。我们将四年留下的东西摆地摊卖掉，听着学妹娇滴滴地说"学姐，便宜些"。我们每天都结伴出去玩，互相许诺无论以后天南海北都会常常聚会。如今时光一晃，两年之后，我仿佛还能听到那一年的大声嬉笑，好像一切都在昨天一样，那个时候，现在回想那都是些多么美好的时光，真的是七月天高人浮躁，七月里平淡无聊，一切都好，只缺烦恼。

　　小的时候总是在想何时才能长大啊，那个时候的时间总是过得分外漫长，一分一秒都好像长得受不了，而终于到了大学，到了从小梦寐以求的年纪，时光却似乎上紧了发条，分分秒秒追在身后，一晃，4年就一闪而过了。从大学开始，真的开始觉得时间一年一年走得飞快，才过年便夏天了，才有些冷便又过年了，就这样一年又一年，让人禁不住想要大呼，时间到底去哪儿了？

在写这篇文章的时候，正是七月，又是一年毕业季，走在校园里，看到写满了名字的白T恤，看到拎着行李箱和同学抱成一团的学弟学妹，看着满校园里"不伤离，别有缘"再聚的标语，好像突然又回到了两年前，只不过身边的人已经来了又换，似是当年却不复当年了。

大学时光总是让人特别怀念，不管是好还是坏，是开心还是伤痛。现在回想起来，那个时候不可忍受的很多事情都发酵成美好的回忆了，比如说食堂里永远难吃的饭菜，楼下永远态度不好的宿管阿姨，考场上大家闻风丧胆的"四大名捕"。那个时候的很多微不足道的小事情现在都变成了回忆过去的一段笑闻，一切都好像还在昨天，抱怨着每逢军训必然晴天，议论着某某院系的某某和某某是否在一起，互相交换校外的哪家小馆最好吃，约定着学校这次会放几天假要到哪里去玩。一切都像小时候荡秋千，荡着，笑着，一回头，小伙伴都回家了，孤零零只剩下我自己和满心无法言说的回忆。

心的时候总会有很多，没心没肺大笑的时候当然也有很多，只是那些年如此单纯的心境不会再来了。前几天，有一个大学好友看了我的近照，犹豫了好久跟我说，你的眼神里不似当年那么单纯了，更理性更成熟了，只是不知是好是坏。当时，我心里感慨良多，如果一直都像当年那样单纯，怕是就不能被叫作单纯而叫愚蠢了，只是心里还是难过，难过那些年不复回来的自己。有一天看美剧，主角说，我们总是很欣喜地在寻找那个跟我们相似的人，但回想过去五年，我们不是已经变成了跟当时的自己相似却不同的人了吗。我们总是在改变，变成了我们以前的相似者。

每次听《浮躁》这首歌，好像都让我回到了那个虽然无法回去却无比思念的大学时光，轻快的曲调，经王菲随意的哼唱，让一切都变得无比美好，也让我常常想，常常期待很多场景，结婚时候的幸福甜蜜，孕育宝宝的悠闲下午，孩子成长的每个瞬间，年老后世界旅行的美景，无数以后的美好片段可能就是下一个阶段的九月里平淡无聊，一切都好，只缺烦恼。

又见炊烟

——炊烟就是人间

夕阳有诗情

黄昏有画意

诗情画意虽然美丽

我心中只有你

　　《又见炊烟》这首歌的原唱是邓丽君，收录于其 1978 年发表的国语专辑《岛国之情歌第五集——爱情更美丽》中，因为流传较广，后来有很多的华语歌手都翻唱过这首歌。我独爱王菲的演绎，这首歌收录于 1995 年她亲自命名的《菲靡靡之音》

邓丽君纪念专辑中。

我一直觉得炊烟是一个特别温暖的词语，正如暖暖红尘，袅袅炊烟，有炊烟的地方就有人，有人的地方就是神仙都向往的红尘世间。小的时候一直不明白，为什么天上的神仙或者是地上的动物都那样渴望落入凡间或者是修炼成人，人有什么好呢，会生老病死，会对上天命运无能为力。小的时候一直为白娘子觉得委屈，好好的蛇不做，何苦修炼千年只为了修成个人形，最后还落个压在雷峰塔下的悲惨命运。

在长大以后，记得有一次去外地旅游，站在拥有千年历史的城墙前，身边站着深爱着的人，天气晴朗，好似千年以来相同的微风抚过我的面颊，一切都是那样的美好，突然就有一种感觉充斥心间，那就是活着真好，做人真好，能够看到这样美丽的景色，能够有欢喜忧愁种种情绪，能够享受爱情、亲情、友情，这是件多么幸福的事情。

还记得以前听过一种病症，大概是说有这样一种人，他们没有痛感神经，受伤也好，疾病也好，不会感到任何的痛苦，最初听来，觉得这类人还真是幸福，竟然不会感觉到痛苦，报道里却说，他们比健康的人更痛苦，我对此只是一笑了之，觉得不可思议，痛苦有什么好的呢。小时候读过一句话"哀莫大于心死"，也同样不理解，甚至一度很长时间对这句话的断句都是断错的，一直到很多年后，也经历了很多事情，看过了很多事情，才慢慢理解为什么说痛苦也是一种幸福，毕竟痛苦总好过麻木吧。

　　我曾经遇到这样一个人，可以说是萍水相逢，但给我留下了特别深刻的印象。有一段时间，我的心情差到了极点，事业不顺，爱情也渐行渐远，家里也是对我诸多不理解，终于有一天一切麻烦好似都赶到了一起，来了一个大爆发。我被公司辞退，家里逼我替家里还债，我和他大吵一架，夺门而出。

　　那夜，我想是我目前为止最痛苦的一夜，偌大的城市竟然无处可去，心痛到了极点，狠了心去了市里最乱的一个夜店，点了一堆酒，靠在吧台等着找个借口就此堕落下去。就是在那个地方，我遇到了她。自始至终我也不知道她的名字，但我们两个喝光了25瓶啤酒，那就叫她"啤酒"吧。"啤酒"坐下来的时候我并不知道，直到她拿她染得通红的头发用力撞了我的头，我吃痛恶狠狠地顶过去，却发现她那嬉皮笑脸的一张脸，不无戏谑地笑着。

"你自己一个人?"

"嗯。"

"你第一次来吧?"

"嗯。"

"我给你讲个故事吧。

"嗯。嗯?"

后来我就被听了一个故事，"啤酒"出生于一个家境很好的家庭，小时候被所有人捧在手心里，呵护备至，直到后来父亲挟着全家的财产叛逃国外，"啤酒"母女在一夜之间被抛弃了，还不知不觉，母亲的性格从此以后变得越来越孤僻，深夜里不是哭泣就是打骂"啤酒"，家里的经济条件一天不如一天，亲戚们也开始逐渐疏离她们母女二人，啤酒的生活就好似从天堂跌入地狱，只是那时啤酒还小，并不懂得其中大多含义，兀自快乐成长着，直到后来，她上了初中，被同学排挤，被老师嘲笑，性格像她母亲一样变得阴郁，于是，在一个下雨的午后，她终于爆发，将同班的一个同学打进了医院，母亲恶狠狠地看着她，让她滚出去，"啤酒"就真的毅然决然离开了那所以昂贵出名的贵族学校，一个人收拾东西滚到了这座城市。

在这座城市里，没有学历、年纪还小的"啤酒"找不到工作，每日里瞎混打闹，认识了很多不三不四的小混混，从此就跟这些人在一起每日里嬉笑玩耍，啤酒嗓子很好，后来就在一家酒吧，也就是我们相遇的那家酒吧里做起了驻唱歌手，再后来她爱上了乐队的鼓手，"啤酒"说那是她生命中最幸福的一段时间，再后来，像所有狗血的故事桥段，鼓手爱上了别人，"啤酒"又再一次被抛弃。

说起这些事时，啤酒一直都是笑着的，好像说的从来都是别人的故事，她盯着手里的啤酒跟我说，那段时间她痛苦到无法呼吸，满目都是伤口，她自虐、酗酒、吸烟，直到有一天深夜，脑子里好似有一根弦突然一下绷断，所有的痛苦都不见了。也可以说，所有的感觉都不见了，不会快乐，不会痛苦，不会有任何的感觉，好似行尸走肉。

刚开始的时候，"啤酒"觉得终于解脱了，这样多好，不会再痛苦了，讲起自己的故事就好似陌生人的一样，没有丝毫的感觉，到后来她才越来越觉得可悲，觉得生活没有意义了，每一天都好像是一个木偶，被控制在一具陌生的躯壳里，后来"啤酒"就尝试着在酒吧里找一些看上去痛苦的人，比如我，把自己的故事说给对方听，从一次一次的回忆里渴望找到一丝感觉，哪怕是痛苦也好，是绝望也好，总好过这般麻木。

这是我第一次听到有人说痛苦总好过麻木，于是慢慢开始理解这句话的含义，那天晚上，我真的觉得能够痛苦也是一件很幸福的事情，毕竟，还能够感知各种感觉，毕竟，灵魂好似还在自己的躯体里。

那晚，在"啤酒"的歌声里，我一遍遍思考那时遇到的问题，不再沉浸在痛苦之中，而是在痛苦里思考，后来越想越开朗，觉得好似困境也不是那样的可怕，在痛苦里还能看到未来幸福的希望，心情也就慢慢好起来，没喝到大醉便回了家，可能也是醉了一些，忘记了问"啤酒"的名字还有电话。

从那天之后，我就再也没有见过"啤酒"，偌大的城市真想巧遇到一个人也是很难，至于我为什么不去酒吧里找她，说来也是巧合，那家酒吧在我后来的几次路过时都没有开门，如果特别自恋地说，就好像那家酒吧只为我而开，只为了在我最痛苦的时候教我一课，然后就不留痕迹地消失了。

　　最美不过人间烟火气，痛苦也好，幸福也罢，都在提醒着我们活在这红尘世间有多美好。

致青春

——我们终将老去，带着如今的青春

良辰美景奈何天　为谁辛苦为谁甜

这年华青涩逝去　却别有洞天

这年华青涩逝去　明白了时间

疯了 累了 痛了　人间喜剧

笑了 叫了 走了　青春离奇

最早听到这首歌是在《致我们终将逝去的青春》中，王菲的声音还是那样空灵淡然，唱的却是我们这一代的青春时代，好像中间的这十几年从来没有存在过，她还是那样懂得青春逝去的哀伤，还有那场对于每个人都太过短暂的青春盛宴。我想，对于这样的一首歌，很难不让人将思绪调回到每个人青春开始的地方，思考那些年并没有思考过的事情，回忆那些年并没有珍惜的风景。

我应该是晚了好多天才看的这部电影，在大家都在讨论的时候，因为固执地不愿看枪版又不爱去电影院，于是等到了现在。这本书，我在书店看见过好多次，却都因为自己很年轻所以不愿去谈，甚至去看关于逝去的青春的书。最终，在今晚，在快被英文快逼疯的晚上，在看过《怪物史莱克4》后，终于决定回忆一下自己终将逝去的青春。

其实，电影带给我的触动并不是很大。我并不像电影里的某一个角色，我的大学也没有那样多的跌宕起伏。如果青春从现在开始倒叙，时间的节点从大学开始，那么，我的青春就像那条学校门口的大马路吧，空荡、安静，有着望不到头的白色线，有着沿途总是有婚礼进行的植物园，还有一些虽然会遮阳却会扎到脑袋的松树。

那么，就从大学说起吧，如果将我的大学青春一分为二，那就是遇见他了吧。从什么时候说起呢，想一一道来却又无从开口。《吸血鬼日记》里，我那么喜欢 DE，也许就是像 Elena 说的，knowing you has made me question everything。从遇到他开始，我从一个活在爱情想象力中的小女孩渐渐成熟，开始动摇我对于爱情所有的理解和定义。我一直记得，刚开始恋爱，我是那么黏人，我以为私人的时间就是两个人的时间，当他对我说"我需要一个人的时间"，我觉得我的爱情注定是一场一厢情愿，我开始生气，蛮不讲理，吵架吵到不知道为何而吵，只是一心要吵赢。如今，我渐渐成熟，后来才明白，太多的爱情也无法代替生命中的其他东西，就像郑微看着莞莞躺在冰冷的太平间里，说"生命中除了爱情还有其他东西吗"一样。没有了爱情，我会活得像一张白纸毫无色彩，但如果没有了自由，我宁愿去死。

那就再说说遇到他以前吧，其实回忆起那个时候，就让我想起梅雨时节挂在枝头的青杏，生涩但又无比美好。在那个时候，能让人情感大幅波动的，一个是友情，一个就是爱情了。其实，女生之间的感情比之爱情更加敏感和难以捉摸，我还记得那个时候的伤心难过，绝大多数不是因为某个我喜欢他他不喜欢我的男生，而是她跟别人成了更好的朋友。在友情里我是个有些小心眼的人吧，那种细腻的难过和伤害回想起来，比之懵懂的爱情，更让人刻骨铭心。

关于爱情，现在看来，那时候是真的不懂的。在遇到某一个人之前，所有以前以为的爱情，不过一场爱情的梦想罢了。就像林静对于郑微，那是一场关于想象的爱情的梦境，喜欢那个人是因为他的那种感觉，而陈孝正是那个真正给了郑微爱和学会爱的那个人，一个是镜中月水中花，怀念总好过拥有，另一个则是除却巫山不是云了。

想起我的青春年代，喜欢的人很多很多，因为一条短信而喜欢，因为一个牵手而喜欢，因为一首歌而喜欢，甚至真的仅仅为了他穿了一件我喜欢的衣服而喜欢。曾经我以为，某个阳光下微笑的少年从此之后就成了我青春的伤痛，无法遗忘无法释怀，而现在，时间悄然而逝，我已跟18岁差了好远好远。细细回忆，喜欢的那些人都变成了我青春舞台上的一道背景，倒映着的是无比美好的青涩岁月。如今想来，我也会说，我是真的认真地喜欢过，也从来没有后悔过。本来，青春就是用来怀念的，不是么？

　　下笔的时候其实想写的有很多很多，写到这里却又不知道如何写下去了。我很想将在我青春路途上的每一个人都写出来，但我想我还是一个缺少勇气的人。所以，某些人，你是明白的吧？谢谢你给我的美好的青春时代，谢谢你陪伴我的每一个秋冬春夏。我们曾经误会，曾经彼此讨厌，曾经无比要好，曾经互相伤害，那又如何呢，我还是无比庆幸生命中有过你。

　　好像一首歌的歌评写着写着却变成了影评，又变成了我对青春时代的点滴回忆，写起青春时代，笔总是不受控制，写着写着就不知道回到了哪个曾经的瞬间，无法自拔，远远看着就没了控制力，既然已经如此，就什么都不考虑顺着肆意的想法写下去吧。

　　下面的这些，写给未来吧，毕竟我的青春也还没有结束，我相信还将更好。青春的伤痛和快乐就像是在放大镜里，什么都被放大了，什么都变得更加纤细，我无比感恩这样的岁月。我爱我现在生命拥有的每一个人，无论我有没有亲口对你们说过。在这样的日子里，友情、爱情、亲情，还有理想，都在岁月的洗礼里慢慢成形，慢慢完美，不是么？

我们终将逝去，带着如今的青春，那又如何呢？

笑忘书

——何苦那么累，索性做自己

有一点帮助就可以对谁倾诉

有一个人保护就不用自我保护

有一点满足就准备如何结束

有一点点领悟就可以往后回顾

从开始哭着忌妒变成了笑着羡慕

时间是怎么样爬过了我皮肤

只有我自己最清楚

成长，永远是一个痛苦且无人可以代替的旅程，虽然其中的酸甜苦涩，学到的深刻道理大多是相同的，但是这些道理却只能在自己经历跌倒的孤独旅行中才能个人体会，因为大多数的时候，我们很难像圣人一样能够在别人的错误中吸取教训。老人总是在说，不听老人言，吃亏在眼前，总是想要避免让自己的儿女经历同他们一样的弯路，留下同他们一样的伤疤，但往往并不能把儿女在跌倒的瞬间拉回。说到底，自己历经磨难得到的教训，才能被自己的灵魂所吸收，才能将这许多感触融进以后的漫漫人生中。

　　年轻最主要的特点就是气盛，我还记得我的青春叛逆期，几乎对所有事情都义愤填膺、分外敏感。那个时候所有的感情，都像是被放在了放大镜下，一切都被夸大，快乐变成了疯狂，难过变成了绝望，那是一个为赋新词强说愁的年纪，情绪起起伏伏，无法冷静、无法理智，永远像一只长满刺的刺猬，对所有人充满防备，孤单又高傲。

　　我曾经有两年的时候，几乎没有办法与别人沟通，同学、老师、家长，我把自己困在一个属于我自己的城堡里，自怨自艾，无法自拔。无法接受别人的任何建议，更不用说是批评了，那时候做过很多初生牛犊不怕虎的事情。

有一次，我跟一个男生打架，最后直接用刀子割断了他的衣领，差一点就割到了他的脖子，吓得他大哭找老师告状，现在想来还挺有意思的，只是无法想象如果那一刀真的要了他的性命，现在的我又身在何处了。

有一次，我对学校的不满终于爆发，直接冲进了校长的办公室，指着他的鼻子大骂，直到现在校长还对我的印象颇为深刻。

更不用说跟同学打架，顶撞老师，跟父母顶嘴了，我想如果形容那个时候的我，我应该是一个不折不扣的太妹。天不怕地不怕，不讲道理，不考虑后果。如今、成熟以后的我已然明白那是走过的弯路和犯下的错误，可是那个被全世界孤立的小女孩，算是第一次知道了绝望的滋味。那些十二三岁的夜晚，蜷缩着身子哭泣到天亮，把指甲深深掐进自己的肉里面，痛到不能再痛才能感觉到自己真真实实地活在这个世界上，心里的委屈像海啸漫过残留的理智，用更荒诞的行为企图得到别人的尊重和重视。那种孤身一人无人理解的痛楚，谁又能说就不会痛过长大以后呢。老人们总会说，知错就改善莫大焉。改是改了，但曾经受到的伤害，就像年轻时刻在身上的刺身，后来后悔了，洗掉了，也留下或深或浅的伤疤，提醒着那段时光是如何一刀一划刻在心上面的。

很多人会纳闷为什么同样的年纪，会有人特别懂事，会照顾别人的感受，永远小心翼翼。我想那是因为他们的心曾经被深深地伤害过，伤害到无法自己痊愈，伤害到只能忘记自己才能生活下去。他们多么想要有一个可以善待自己，望穿这些伪装的厚厚铠甲，将他们紧紧拥抱在怀里，那该是多么幸福的事情。

我记得，有一天，被别人冤枉了一件事，心里委屈得不行，却仍然害怕失去这位"朋友"，低三下四跑去道歉，回来的路上眼泪一直在打转，我紧咬着牙看着窗外的风景飞快地后退，看着路上的行人说说笑笑，看着华灯初上的万家灯火，真的有种万念俱灰的感觉，突然觉得这个世界我从来没有存在过，世上繁华喧嚣人间与我，是没有任何关系的。公交车停到下一站，手里却被人飞快地塞了一个东西，恍惚间记得应该是个年轻的女孩，纸条上字迹娟秀地写着"一切都会好起来的，加油"。时至今日，虽然我一直没有看清那个女孩的样子，也就无从寻找她，但我依然记得那种感受，好像小时候父母离开好久却提前归来，好像和最爱的人失散又重逢，好像溺水的瞬间被人拖上岸，是她在我最绝望的时候拯救了我，让我有勇气继续生活下去，然后有机会遇见他，然后改变，然后成为现在这个乐观的我自己。

现在想来，遇到他之前我是有严重的心理疾病的，我在与世界对抗的同时迷失了自己，没有办法用正确的方式去表达自己的感受，总是把所有的人都排斥在厚厚的心墙之外，害怕被伤害，但也得不到别人的爱，敏感多疑，做事极端。遇到他之后，我开始变得开朗，变得乐观，最重要的是我学会怎么样爱自己。我开始接受自己的全部，无论是优点还是缺点，我慢慢变得自信，有了适合自己的处世方式，我开始爱笑，可以正视自己的缺陷，我微笑对待所有的批评，不再敏感。我无比热爱这样的自己，我无比热爱这个世界。

林夕在谈到《笑忘书》这首歌时是这样说的："《寓言》专辑里的5首歌都很抽象，所以我想一定要有一首歌比较流行，主要还是考虑到大众的口味和专辑的销量。所以就写了这首歌。"那时我也常常在想"自爱"的问题，一个人怎么样才算是自爱呢？自爱有无必要？自爱的方法又是什么？《笑忘书》里谈到了很多爱自己、保护自己的方法。可是我终究还是一个残忍的人，比如其中写到，指望别人来救你的话，也请你自备一个药箱。你有问题，倘若只是坐着指望别人来拯救你，那你还是没有明白什么叫作自爱。自爱就是你先有拯救自己的方法，才能有爱人的能力。更残酷的现实就是，如果你不懂得爱自己，你就没有能力去爱别人。这听起来好像是大道理，但现实是，一个人绝不会长期爱一个性格有问题的人，他可能会照顾长期生病的父母、生病的爱人，可是对于一个心理有病的人，他不会把自己的爱长期付出。爱情和可怜、同情、怜悯、责任感不一样。要有一些好处给你的爱人，不是指经济上的，是指你性格可爱，或者你的性格让他很有满足感，或者两个人的搭配很默契，或者你们之间无话可说，这也是某种"好处"。你一定有一些好处给你的爱人，才能将恋爱的关系维持下去。否则，如果你是个很容易闷闷不乐的人，他常常要照顾你的情绪，慢慢就变成你的医生，而不是你的爱人。

在遇到他之前，我并没有学会如何爱自己，好在他愿意做我的心理医生直到我已然痊愈，我将终生感恩。

很多时候我都特别想要回到以前，跟那个 12 岁的叛逆女孩说，6 年以后，你会遇到一个人，他能够理解你所有的想法，他会告诉你如何正确地去表达，他会发现你内心深处那个最美好的自己，然后相信她，呵护她，照顾她，陪伴她，你会越来越好，变成你最想成为的样子，然后我会跟她讲这中间的曲折，也许她会充满戒备地对我说：你编小说呢。我想我会告诉她，这是一部关于你的小说，名字叫作《The book of Laughter and Forgetting》。

单行道

——人生是一条单行道

一路上有人太早看透生命的线条命运的玄妙

有人太晚觉悟冥冥中该来则来无处可逃

一路上有人盼望缘分却不相信缘分的必要

一路上那青春小鸟掉下长不回的羽毛

有人背影不断膨胀而有些情境不断缩小

春眠不觉晓　庸人偏自扰

走破单行道　花落知多少　跑不掉

我很喜欢摇滚风的王菲，带着看透世事的淡泊声线，还有一丝丝不在乎的决然感觉。对于摇滚，我并不懂多少，只是喜欢在节奏感中一种失去真实自己的感觉，一种爱谁谁我就这样的看破世事。对于2001发行的《王菲》这张专辑，乐坛的评价褒贬不一，但我最爱这张专辑，没有曲风限制，没有刻意维持怎么样的风格，永远做自己就是最好的诠释。

我很喜欢《单行道》这首歌的歌词，只是这一句"春眠不觉晓，庸人偏自扰"就足以让我入迷。很多时候，我坐在公交车上，心里苦涩难忍，看着外面走走停停的路人，看着高楼里一盏一盏的灯火，想到无论自己还是别人都这样为了想要的东西忙忙碌碌，以物喜、以己悲，突然就有一瞬间，好似灵魂出窍，不明白自己这样执拗到底有什么意义，突生一种花落知多少的淡然冷漠。

长大之后，会越来越想要掌握或者说是控制自己的生活，按照计划奔向梦想的彼岸，从来不关心现在的自己过得怎么样，只盯着远方的闪闪发光的梦想，一遍又一遍地期待未来的美好生活，但生活永远不会像笔记本上的计划表，按部就班一笔一画，于是痛苦、烦恼纷至沓来，再后来，看了许多书，听了许多故事，爱上了一句话——活在当下。

在微博上就有这样一个转发很多次的故事：

我年轻时，去欧洲背包旅行，在巴黎街头看到一西装店。就跟穿自个儿衣服似的，我瞅准一西装就往身上套，连衬衫、领带、皮鞋也统统拿下来穿上了。所有的一切，就发生在 30 秒以内，就跟来取衣服似的，一气呵成。一看镜子，真帅！然后我才看的价钱，折后韩元大概是 12 万左右，当时我身上一共有 120 多万韩元。当时就想直接买了，不过仔细一看，原来后面多个 0，折后是 120 万韩元……我平生买的所有衣服加起来，还没这件贵。

但我实在没法儿脱下来，镜子里那小伙简直帅到掉渣，于是，我陷入苦恼，原本计划的行程还有 2 个月。每天省吃俭用，只花 2 万块韩元，剩下的 2 个月我就不会饿肚子，这会有地儿住，先算上这 60 天分量的安全感。这 60 天的安全感给我带来的幸福，能比现在把这件衣服买到手的幸福大吗？仔细一想，应该不会。

1. 算了，走吧；

2. 等哥到了 30 岁，再回到这里，买件最称心的西装吧。

3. 等待，之后的 2 个月，不是还没到吗？

当我想到第三项，就果断买下了那套西装，然后去公园露宿。后来才知道，那件西装的牌子叫作 BOSS。第二天早上一醒，我就开始发愁了，现在身上只有 5 万，咋整？我拿这 5 万，去找一个宾馆住了一晚，第二天早上，我边结账边说："老板，我去火车站拉过来 3 个客人，你就让我在这多住一晚吧。还有，如果我能拉过来 5 个人以上，就按人头给我提成吧。"他说"行"。当天，我只花了一个小时，就拉过来 30 多个住客。凭什么？因为哥穿着 BOSS 啊。仅仅一周，我们的关系逆转了。老板求着我说，大神千万别走。

我手中也有了足足 50 多万，当时就想道：哥这么牛气，干吗给你做生意呢？当时的东欧国家，比较缺提供住宿的地方。于是，我去了捷克，花 50 万韩元租了一套房子。然后直接去了火车站，我心想这次不要光做亚洲人的生意。我一把拉过来刚下火车的一个帅小伙，说："给你包吃住，跟我干吧。"没理由不干吧？哥穿着"BOSS"呢！他是个英国小子，真能干，生意直接爆棚了。接下来我又多雇了几个帅哥、靓女来拉客，生意越来越好。我在那儿当了一个月的老板，吃得好，睡得香。然后，当我离开捷克的时候，兜里一共揣着 1000 多万韩元。这一切，是因为我当时买了 BOSS 西装才有可能发生的。

自那以后，我就有了一个一直遵守到现在的原则——"现在就要幸福！"人们通常认为，幸福像存款一样，可以日后拿出来用。但实际上，那是不可能的。日后再幸福吧？空谈！人生的每一个瞬间，只要过了那一刻就会永远消失。

所以，现在就要幸福起来。世界上也没有什么比"计划"更可笑、更坑爹的了。凡事绝不可能按你的"计划"发展。随心、随欲、随性，享受"现在"的幸福吧！因为人生太短暂了！

人活一世，草木一秋。从故事中我们可以看出，昂贵的衣服带给主人公的不仅仅是压力，更多的是动力，有时我们确实要活在当下，畏首畏尾会让你失去很多机会。活在当下，会让你更加自信地去争取幸福生活。就像王菲这首歌中带给我们的感觉一样，深沉中又带着反抗的情绪，随着鼓槌铿锵有力的节奏，我们是否重又昂首挺胸，面对这纷扰的世界了呢。有句话说得特别好，"你只负责精彩，老天自有安排"。

棋子

——我只是一颗棋子

我像是一颗棋

进退任由你决定

我不是你眼中唯一将领

却是不起眼的小兵

我像是一颗棋子

来去全不由自己

举手无回你从不曾犹豫

我却受控在你手里

这首歌原本是一首充满了无奈与妥协的悲情歌曲，却因为有了王菲的空灵嗓音衍生出一种对无可奈何的淡然。

我不愿意将它作为一首爱情歌曲，痴情女子与不爱她的男子纠纠缠缠，好像被爱情紧紧绑住，无法逃脱。我更愿意把它当作受到挫折后对命运的无奈诉说。

曾经有一段时间，我的人生好像落入谷底，什么事情都不会按照自己想要的方向发展，事业、爱情、亲情一塌糊涂，甚至身体也出现不适，最初的时候，还是有着一股不服输的劲头，越是做不成的事情越是要去做，哪怕总是失败，总是撞得头破血流，也要一直做下去，觉得自己无所不能，根本没有弱点和软肋。

后来，受过的挫折多了，身上的伤疤多了，心境慢慢地平和很多，对于很多自己无能为力的事情，也有了王菲声音里的那股淡然。每次听王菲唱歌，总觉得她婷婷袅袅地站在水的那一边，透着朦胧雾气，丝毫没有一点的红尘气息。我最爱女子的这份独立淡然，像山谷里的花，兀自开放，与世俗无关，只一副顺应自然的美丽面容。

我很相信一句话：谋事在人，成事在天。既有一股为自己搏斗的精神，还带着一种顺应自然的淡泊。我曾经有一段很刻骨铭心的爱情，期间分分合合。我像每一个被爱情冲昏了头脑的小女孩，做了很多如今想来很是可笑的傻事，相信时间久了感动就变成了爱情，甚至听到满大街都在唱"感动天感动地怎么感动不了你"，在人来人往的大街上泪流满面。可是，故事的最后，我也没有感动那个他。很久以后，好像突然一瞬间终于明白，很多事情并不是付出就一定会有回报，很多轨迹绝非人力可改，来来去去全不由得自己。

我记得很多年前的一个夏夜，电闪雷鸣，我关掉灯，自己一个人蜷缩在屋子里，数月的失败像一条毒蛇盘踞在我心里，看着外面的霓虹灯闪闪烁烁，心里突然生出了绝望的感觉，我把这首《棋子》听了一遍又一遍，哭了一遍又一遍，王菲的声音淡淡地传入耳朵，那一瞬间真是有了认命的感触。觉得自己不过是天地间一颗微不足道的棋子，被命运牢牢把握在手里，进退都由老天决定。

有时候，对命运妥协不一定就是坏事。可能很多人会觉得，真正的英雄是不会妥协认命的，哪怕撞了南墙，也要将南墙撞出一个窟窿走过去。可是，在那个夏夜，当我真正放弃自己正在执着的一切的时候，心中反而有着前所未有的平静，那天晚上，当我哭到筋疲力尽的时候，大脑突然飞快地思考起来，那晚，我想了很多，突然明白之所以我所执念的东西求而不得，其实那些并不是我想要的，而是一路走来，自己想要把并不属于我的东西变成属于我的，如此纠纠缠缠，若不是最后的失败认命，我可能会一直执着下去，痛苦自己，折磨别人。如果有时候你也对一件事情觉得耗费了所有精力和能力却还是无奈收场，莫不如也认一次命，静静坐下来听一首王菲的歌，考虑自己真正想要的东西，这样偶尔的一次暂停，也许会成为生命中一次新的起点，毕竟，真正自己喜欢又适合的东西，是不会让你陷入绝望的境地的。毕竟，像王菲这样，拥有着唱歌的绝好天赋，也能早早确定自己的事业并一路走下来的并不多见。

人生总有些瞬间不合人意，我想纵是天后如王菲，也是这样。1987年来到香港发展的王菲刚刚18岁，带着年少时的音乐梦渴望在这片土地上拥有自己的声音，但是连续发行了三张专辑都没有引起乐坛的注意，我想那个时候的她也是饱受打击吧。好在后来的戴思聪重新为她进行了包装，从第四张专辑开始，王靖雯（王菲最初的艺名）开始迅速走红。

想是这首《棋子》里王菲声音里的这份淡然，也跟这些曲折的经历有关吧。每首歌，在不同的年纪听起来，在不同的心境听起来，感觉总是不同的，王菲的歌就是如此，经得起时光流转，无论何时听她娓娓唱来，总会感到她的声音如流水，缓缓漫过需要安慰的心田，滋润出另一番不一样的风景来。

　　你我都如天地间一棋子，兜兜转转都被命运掌控在手中，有过绝望，有过无奈，有过无能为力的气愤，最终也都会平静下来，思考又思考，谁又知道这些无奈失望不是黎明前的最后黑暗呢，就算你我感觉命运进退都不由自己，那又如何呢，套用最近很红的一句话，"你只负责精彩，老天自有安排"。

你快乐所以我快乐

——我快乐你也会快乐吗

你头发湿了　所以我热了

你觉得累了　所以我睡了

天晓得　天晓得　既然说

你快乐于是我快乐

玫瑰都开了

要我来重蹈你覆辙

王菲的这首《你快乐所以我快乐》很适合深受单恋苦扰的人听。依旧简单的配乐，加上歌后天籁般的嗓音，在静谧的午后沏上一壶淡淡的绿茶，整个屋子里面环绕着浅浅的回忆。相比单独的吉他演奏，加上架子鼓的缓慢重锤，便又增加了些许记忆中的心痛感觉。微风徐徐，暖阳映下，一下子就拉回了那年的光景……

情窦初开的年纪，幻想生活美好的岁数。异性彼此间吸引的往往简单得多。或许是一头乌黑的长发，或许是回眸一笑的灿烂，或许是古灵精怪的调皮……那时魂牵梦绕的就是乐儿，依稀记得那年夏天是的阳光是那样的耀眼，却又那么美好。

初恋固然是美好的，但只有单恋，才叫人水深火热。因为她的笑，我才会开心一整天；因为她的愁，我才会难过一整晚。

初次见她时，她穿着很简单，显得很干净。一条白净的长裙，梳着马尾辫，脚上一双淡粉色的小皮鞋。文文静静地站在讲台那边，唯唯诺诺地介绍着自己，"大家好，我叫杨乐，大家以后可以叫我乐儿，很高兴能和大家成为同学。"窗外的阳光洒下来，映在她粉嫩嫩的小脸上，乐儿微微一笑，我竟看得痴了，犹如天使一般，让我如痴如醉着……

"猴子，你看着吧，我一定要把咱班新来的乐儿拿下！"我骄傲地指给旁边的猴子看。

"就你？得了吧，也不看你那德行，据我所知，人家以后可是要出国的，就你？哥们儿，我看你还是先把数学弄及格吧，每次考试回家都挨打，不疼是吧？"猴子不屑地打趣道。

"就是她了，我一定要追上她！"我也没去理会猴子说了些什么，只是自顾自地暗下决心。

就这样，乐儿进入了我们班，我每天都能看见她，这也成了我天天上课的一个动力。从以前经常逃课，到现在课也不逃了。每天上课就这么安静地坐在她后面，托着腮帮子看着她的头发晃啊晃的，有时看着看着自己就陷入了沉思，心想就这么一直能看着她也是好的啊。

有一天，放学回家的路上和猴子说起了班里哪个女生好看。猴子说是第二排的齐齐，我只是笑笑，没理他。任他在那儿口若悬河地说了一大堆理由，我也只是嗤之以鼻。猴子问我："哎，我说，我说了这么多，你觉得谁好看啊？""那还用说啊？肯定是乐儿啊，你看她笑起来多好看啊。"我眯着眼想起了乐儿的微笑。"那天她来的时候你就说你要拿下她，你倒是拿给哥们儿瞧瞧啊，不是我说你，光在这动嘴可不像你性格啊。"猴子用胳膊碰了碰我说。"瞧好儿吧"我潇洒地甩了一下头发，嘴角泛起了一丝诡笑。

回到家，我就给乐儿写了一封情书，那封情书写得几乎耗尽了我所有的精力，从小到大，凡是有关爱情的词句都用上了。心想这次一定能打动她了吧。就这样，把情书压在了枕头下，开心地睡去了。梦里面还记得她害羞地点着头，踮起脚，仰头……

第二天一大早我便早早地到了教室，快速地找到了她的座位，将情书放到了里面，又急匆匆地躲了出去。第一节上课的时候，我坐在后面看着她把书从课桌里拿了出来，正好看到了我的情书，那是一张淡蓝色的信纸，上面印着小熊的图案。她看完后便将信收了起来，什么也没说，也没回头看我。就这样，简简单单地看了一眼，就开始翻开书，继续她的朗读了。

之后的几天，我接二连三地都给她写了情书，可是，结果依旧是这样，不温不火的，在她的脸上读不出任何的表情，把我置身于水深火热之中。那时的我几乎整天地盯着她的后背看，就只为能看到她回眸一笑，这样我这一天也就心安了。可是有时，却会看到她愁容满面，也不知道是那道题难，还是她身体不舒服，就这样，我像个提线木偶一般被她的情绪牵扯着、勾连着。

终于，我忍不住了，那天下晚自习，在她回家的必经路上，我拦住了她。也许就是天意吧，让我和她说了那些话，也听到了她说的那些话，没想到竟改变了我许多，也在我青春年少时刻留下了深深的烙印。

"乐儿，为什么我给你写的信你都不回我啊?"我急切地拦下了她，仿佛天大的事一般要和她说清楚。

"啊，是你啊。你写的信我看到了，可是我觉得我们不合适，我们还是不要在一起了吧。这样，最后你会受伤，会难过的。"她依旧一副怯懦懦的表情，却让人看着怜惜。

"怎么就不能在一起啊? 我是真的喜欢你啊。"我坚持着。

"你怎么就不明白呢? 我以后是要出国留学的，在这之前我是不会恋爱的。希望你能明白，我们是没有结果的。"她用力甩开了我握住她的手。

"你不就是嫌我学习不好吗? 找那么多借口干吗? 算我看错了人，哼!"我不屑地扭头便要走。

"唉，你别着急走啊。要不我们打个赌吧，要是你能考上重点大学的研究生，那我就考虑，考虑，做……"她害羞地结巴起来。

"做什么？说啊，做什么？"我一脸欣喜地望向了她。

"哎呀，你怎么这么讨厌啊，你敢不敢吧？"她娇嗔道。

"这有什么不敢的，哼，你等着吧，不过有一点，我给你写的信你要回信给我，要不，我可没有动力哦。"我也佯装生气道。

"好啦，好啦，答应就是了，不过你可别像以前写的那些信那样了，那种信我是不会回的。这样吧，你每次给我写信的时候都写些你不会做的题吧，这样大家一起做，大家都有进步，好不好？"她脉脉含情地看向我。

"好，那我们就拉钩。"我咧着大嘴把小手指头伸了出去。

"拉钩上吊，一百年不许变。再盖个章。"我们一齐说笑道。

那天的柳树旁，那天的石阶边，那天的蓝天下，仿佛这世间一切的一切都停滞在那里，永恒地留在了记忆中。

之后我们都顺利地考上了同一所学校的研究生。几年间我们之间来往的信足足有5个纸箱那么多。我心想，这应该就是爱情吧。就在收到录取通知书的那个夏天，我去到了我们的老地方——本科学校后门的那条林荫路。她也来了，穿着依旧是那样素雅、干净，就像天上的一朵云彩，飘飘地来到了我身边。我兴高采烈地赶上去两步，和她说道："怎么样，这下终于可以做我女朋友了吧，我们终于可以在一起了吧。"

"对不起，我妈让我马上去美国读书，不管我怎么和她说她还是要我出国去，对不起，你忘了我吧。"说着，她扭头就走了，留给了我一封信。我整个人傻在了那里，就这样，我呆呆地望着她跑去的方向，感觉好像被这寒冷的天气冻僵了。

那封信我到现在还留着，上面写着：

阿翔：

在这里和你说一声"对不起"，我不是有意瞒着你的，出国是我母亲一生的愿望，母亲从小把我带大不容易，这件事我不能违背她的意思。当你看到这封信的时候，我相信你一定很恨我，我也恨我自己，不能像其他女孩子一样去追求自己想要的爱情。感谢你能在我最孤单的时候一直陪着我走过了那些日子。

一开始我就说过，我们俩是没有结果的，只是当时的你可能还不明白吧。阿翔，感谢你曾经那么爱我、那么包容我。我在这只能祝福你以后生活幸福，找到适合你的真命天"女"吧。

忘了我吧，或许，那天放学你就不该来找我。但我谢谢你给了我那个美好的回忆，我会记得那天你灿烂的笑。

乐儿

起风了，起身去关了关窗户。夏日的午后，外面依旧是那么美，不是吗？过往的一些情愫也渐渐地淡了，只有时间是可以缓解伤痛的。只是现在再听到王菲的《你快乐所以我快乐》仍然会感慨一番，词曲的搭配，恰如其分地将我拉回了那段青葱岁月罢了。

缓缓将头转向了窗外，好美的树，好美的街，好美的云，好美的夏天……

第二辑

/

嘿，
我从来都没有了解过爱情

/

在遇到那个人之前，
我想每个人都经过了一段漫长的寻爱之旅，
有些时候以为离爱情很近，其实离爱情很远；
又有的时候明明都已经放弃，却又遇到了那个一直在找寻的人。
我多么想，一夜之间就明白到底什么是爱情，
我多么想，越过这痛苦、焦虑的阶段直达未来的幸福生活。
也许老天觉得那么宝贵的东西不可以让人轻易获得，
于是，只有在这漫长的黑夜里静静等待，
经历了痛苦、犹疑、磨难、悸动等等，
才能最后拥有那个我唯一的爱人。

暧昧

——暧昧离爱情很远

徘徊在似苦又甜之间　望不穿这暧昧的眼

爱或情借来填一晚　终须都归还　无谓多贪

犹疑在似即若离之间　望不穿这暧昧的眼

似是浓却仍然很淡 天早灰蓝　想告别

偏未晚

　　我想这首歌可以被称作王菲和林夕的完美合作的典型歌曲，林夕的词配上王菲慵懒冷漠的声线，把"暧昧"这个词变成了一首歌曲演绎出来。我一直觉得，这首歌最完美地诠释了什么叫作暧昧，林夕的词犀利得会让人觉得一个字都不可以改，好像全词浑然天成，一开始就应该是这样的。

"暧昧"这个词，可以理解为美好，也可以理解为苦涩。它可以是恋人未相恋之前的小心试探，也可以是永远不会在一起的两个人的痴缠游戏，也可以是对某个人"食之无味、弃之可惜"的情愫。它好像是一顿饭中的甜点，永远无法代替主食，却甜蜜得要命，让人欲罢不能。

对我而言，暧昧更让我想到的，不过是一场不愿对爱情负责却又想享受爱情的猫鼠游戏。追求的只是靠近时的那一秒心动，而不是从今往后岁月中的相濡以沫。暧昧只是一道爱情的甜点，吃多了会腻，不吃会想，总以为甜点过后会有爱情的大餐，最后才发现根本就只有暧昧而已，谁都没有要跟你吃正餐。

直到现在，我都没能明白自己的心是不是真的喜欢过那个男孩，还是仅仅只是一场你来我往的暧昧而已。在对爱情懵懵懂懂的年纪，其实是分不清什么是真正的喜欢的，总是以为有人关注就是喜欢，以为那些若有若无的话语就是喜欢，以为男孩偶尔的一句关心，旁人的一阵起哄就是喜欢，说着恋人之间才说的话，做着朋友之上的事，却独独不肯给对方一个回答。

那是我第一次也是最后一次的暧昧，和一个有了女朋友的男生交往。我们从未热恋却已相恋，其实是美化了我们之间的感情的。那时的我，骄傲又自卑，享受着被人喜欢的小小欣喜，却是不愿意跟他牵手的，那种暗流涌动的暧昧永远无法放在台面上给别人看，也是不愿意给别人看的。

那一年的夏天，我们偷偷地相恋或者说偷偷地暧昧着，我总以为这样的感情是无害的，不用担心结局，也不会有结局，那时的我自私地觉得，其实他有女朋友真的很好，这样我就不用担心有一天这种暧昧会逼迫我给它转正，晒到阳光下来。直到有一天，我见到了他的女朋友，见到了那种在很多女朋友脸上都可以看到的"他是我的，我很幸福"闪耀的光芒，那一瞬间，我在心里是在偷笑的，这样的幸福要多讽刺有多讽刺，女朋友永远是最后一个知道被背叛的人。我在心里笑啊笑，任由心底的邪恶生根发芽起来。

我想，我一直算是一个幸运的人，在一路跑偏的过程中，总会有那么一个人教训我一顿，把我拉回正轨。改变我的，是我好友对我说的一句话：你对待别人的，终归别人会如此对待你。其实，这是多么庸俗的一句话，我们从小到大总是听到各种类似的大道理，却只能在某一段经历里才能深深明白并铭记在心。这句话配上好友有些鄙视的神情，那女孩无处可藏的幸福，突然让我对这段暧昧有了完全不同的理解，比如我自己的自私，比如他的无情无义，一瞬间暧昧的甜蜜完全变了味，成了爱情旅程中一道长满污点的发了霉的糕点。

这首歌里对我感触最大的，就是那句"爱或情借来填一晚，终须都归还，无谓多贪"。年纪越大，越相信佛家的一句话——万般皆是业。从那个时候起，我就戒掉了暧昧这东西，以至于到后来遇上他，为了越过暧昧这个阶段还不惜放下身段倒追了一回，虽然这件事总是被他后来反复嘲笑，但是，遇到对的人，吃一顿大餐，不就是最好的了吗。

《暧昧》这首歌收录于王菲1995年推出的专辑《Di-Dar》，这张专辑中，王菲的御用词人林夕包办了九首粤语词作，几乎每首歌都可以被誉为经典之作。这首歌也获得了香港电台的"十大中文金曲"之十大金曲。这一年，王菲26岁，完成了她在香港的首次个人演唱会，这一年虽然并不如前一年多产，但也收获颇丰。这一年，她获得了香港无线电视电台1995年度最受欢迎女歌手奖和亚太地区最受欢迎香港女歌手奖，香港电台十大中文金曲"十大优秀流行歌手"奖，香港商业电台"叱咤乐坛流行榜"最受欢迎女歌手金奖，香港新城电台劲爆女歌手奖和1995年度十大电视广告最受欢迎电视广告女明星奖（"维珍航空"广告）。在爱情方面，正是她与窦唯公开恋情的第二年，1996年与窦唯奉子成婚，想来1995年他们应该很是幸福的。

对于暧昧，虽然她没有正面回答过，但王菲曾经说过，一个男人最重要的是正直坦白，不要我左右猜测、说一套做一套就OK了。我不愿猜测王菲是否也受过暧昧的苦涩，但我想她也是厌恶暧昧的吧。毕竟，暧昧再近，离爱情也很远。

当时的月亮

——有没有"如果"呢

看　当时的月亮

一夜之间化做今天的阳光

谁能告诉我　哪一种信仰

能够让人念念不忘

回头看　当时的月亮

曾经代表谁的心　结果都一样

当时如果没有什么

当时如果拥有什么　又会怎样

王菲素以空灵的嗓音著称，这首《当时的月亮》可以听出王菲所唱之时特意收敛了其空灵的嗓音。王菲对歌曲的解读一定是有自己的见地的。依旧简单的节奏、简单的配乐，不同以往的是里面加入了弦乐器的搭配。悠扬的小提琴拉出了淡淡的哀愁，配合王菲略显低沉的吟唱，更加突出往昔的回忆怅然。

我这有个故事，一个简简单单的故事，却让人想起了当时的光景，那是一个美好的爱情故事，却又让人唏嘘不已。在我们感慨爱情美妙的同时，是否能真正地领悟爱情的真谛呢？究竟什么才是爱情的保鲜剂，到底我们要怎样付出才会维护好这份感情？

男主人公阿泽和女主人公阿丽从初中就认识了。那时的他们都还懵懂不知情爱之事。在同学们的眼中他们也只是平时打打闹闹，互相讥讽两句的冤家罢了，真是应了那句"不是冤家不聚头"。就在高考那年的夏天，她俩便神神秘秘地聚在了一起。那天晚上，我们一起玩到大的几个朋友一起聚会，当然里面有阿泽，也有阿丽。看着他们牵手在一起，我们眼珠都快掉出来了。

"哎呦喂，怎么回事啊？哥们儿速度够快的啊，一点不给哥儿几个机会啊，就这么悄悄地拿下了呗。"黑子在那嬉笑地起哄道。我们也都一起笑了起来，而且笑得甚是夸张，前仰后合的。要知道，在初中那会他俩是同桌，那时候三天一小吵，五天一大吵。可是如今，谁又能说得清道得明爱情这回事呢？

"那必须得快啊，要不让你们这些损友抢了去，我找谁做老婆去啊！"阿泽一边牵着阿丽的手，一遍和我们几个打趣道。

那天一起聚会的时候，席间我们说了很多，大家高考过后填报志愿都是全国各地地填，老三甚至填到了海南，我们都讥讽他，"别在那边晒黑了，要不黑子该没有自尊了。"就这样，大家高考结束后都分道扬镳了。阿泽去了 S 城市，阿丽去了 H 城市。两人离得也不是很远，也就五六个小时的火车。

在上大学期间，社交网络正值鼎盛时期。每天就在社交网络里看到阿泽和阿丽互相发他们俩恩爱的事情。阿泽这边晒了些往返 S 城市和 H 城市的火车票，那边阿丽就晒出他们在周末出去吃的小吃。我们这些朋友中天天看他俩刷屏，不是秀恩爱拍合照，要不就是发一些甜言蜜语，我们在下面留言也都以互黑为主，大家在一起吵吵闹闹的也甚是有趣。

转眼马上大四了。我们都在为找工作忙碌奔波着，也就在电话里才能时不时地和小时候的玩伴聊聊天，缓解一下心情。每次和阿泽聊的时候，我们就会谈到他和阿丽的未来。我说："你俩都不在一起上大学，这毕业以后怎么办啊？本来四年的异地恋就够你们累的了，毕了业要还是不在一起，我看你俩可就悬了啊。你们是怎么打算的啊？"他在电话那头用轻松的口气说："没问题啊，我们都定好了，她毕业以后来 S 城市工作，到时我们就在一起了，四年的异地恋都经历了，现在还有什么过不去的啊……"

我们又聊了些其他的，听他的语气挺轻松的，我也就没太把他们的事情放心上。可世事就是这样，老天就是这么爱戏弄人，总是不能让你如愿以偿。

大学毕业后那年的冬天，我们依旧回家过年。按照往常惯例，我负责组织大家聚会。可是这次的组织却让我感觉到了一丝诡异。我给阿泽打电话，他却问我阿丽来不来。我给阿丽打电话，阿丽却说不来了，大家见面不好。这时我便意识到他们之间有问题了。

那天，我把阿泽约了出来，几杯酒下肚后，他便和我说了事情的原委。"我们分手了，我努力地想挽回，但是已经不行了，她好像爱上了别人。"阿泽垂着头，一声不吭地闷头喝酒。"你们俩认识十多年，在一起四五年，怎么说分手就分手了啊？是不是你哪点惹她生气了？"我急切地说道。"算了，老五，我知道你为我好，她真的喜欢别人了，她们公司的，我也说不出到底是怎么回事。你说这人长大了是不是也就变了，这世上还有什么是值得留恋的啊。"阿泽狠狠地抽了口烟。要知道，阿泽是从来不抽烟的，我想要不是烦到了极点，他是不会抽烟的。我决定再找阿丽谈谈。

"你和阿泽怎么回事啊？我说四五年的感情，说没就没了啊？"我有些激动地说着阿丽。"老五，你不懂，我和他是不可能的了，他毕业以后分配到了部队，我一周才能见他一面，本来以为忍过大学四年就好了，可毕业后又是这样。我想找个知冷知热的人在我身边照顾我，不是只会打打电话、发发短信就算了的人。"阿丽只是平平淡淡地说出这些话，仿佛她已经在心里说了千万遍一样，说得没有任何感情，就像事情本该就如此一般。"可是，阿泽说再过几年就可以转业了啊，你等等他啊，咱们在一起这么多年了，你俩就不能不这样吗？以后大家还怎么相处啊。"我几乎带着恳求的口吻问着阿丽，我也是不想看着阿泽那么憔悴。"老五，我明白你的意思。可是，我等不了他那么久了。我自己孤身在外，要尽快地扎根。作为一个女人，重要的是安全感。我和他在一起这些年，他是很会哄我开心，但我孤单、害怕的时候他在哪儿？他能出现在我面前抱着我、哄哄我吗？他什么都不能给我，只能给我一些盼头、一些希望。每个夜晚我都不敢关灯睡觉，我的苦你们谁又知道……"

　　最终，他们还是和平分手了，大家依旧是朋友，只是聚会时人永远不全了。总是少个他或是缺个她。爱情的事情谁也说不出谁对谁错，只能说这是个美丽的误会吧。但愿他们以后都过得幸福、快乐。

有时候，我就总在回想起小时候一起玩的情形，大家欢声笑语，多么美好。是不是人长大以后就真的变了，变得现实了、虚伪了、自私了，如果真的能回到从前该有多好，大家都还是那样天真、那样单纯，一起出去野营，一起躺在草地上，一起唱歌，一起看天上的月亮……

传奇

——嘿，原来你也在这里

因为在人群中多看了你一眼

再也没能忘掉你容颜

梦想着偶然能有一天再相见

从此我开始孤单想念

宁愿相信我们前世有约

今生的爱情故事不会再改变

宁愿用这一生等你发现

我一直在你身边从未走远

只因为在人群中多看了你一眼

王菲的这首《传奇》是比较新的歌曲之一，但曲风仍旧没远离其固有的曲调风格。清新、优雅，空灵、温婉……对于新流行音乐的今天，你会听到很多混搭风格的歌曲，什么民族混摇滚、布鲁斯混乡村、爵士混流行……像《传奇》这么纯粹、经典的歌曲早已不复存在了，再加上王菲的空灵嗓音，简简单单如碧波清泉、宛如湛蓝晴天飘过那一朵白云，不贪恋阳光，不妒忌蓝天，洁白如雪，肆意游荡，乐此不疲。忽然间，脑海中浮现出这样一个故事来：

　　我们是从小玩到大的朋友，在我们十多岁的时候，由于父亲的工作原因我家搬离了家乡，来到了大城市，欣欣也随着她父母搬到了离我百公里之外的地方，从此我们便天各一方，断了联系。

　　那年我上了大学，蓝蓝的天，青青的草，白白的云和青涩的我，一同混成了为那天的记忆。我是在军训的时候看到欣欣的，仿佛一缕清风吹过燥热的心，整个世界都因她回眸一笑而停滞了，那一秒钟的定格，让我无处遁形，傻傻地看着她，想起了十多年前的光景……

那时我们两家还是邻居，父母们都在一个工厂里上班，都是同事，下了班两家人总是聚在一起吃吃饭，家长里短地谈论世事。自从有了我们俩，两家人好像更有默契，家庭聚会时也时不时地调侃两家为亲家。那时我俩还什么都不懂，只知道把盘中的珍馐一一咽下，互相傻看一眼便一起手拉手出门去玩了。那时的天真无邪、恣肆欢笑，都映在了门口的那株老杨树下了……

那时的我有些腼腆，而她则是活泼异常，总是她牵着我的手带我出去玩泥巴、捉蟋蟀、打弹弓……邻居王奶奶还总嘲笑我们，说我像是小媳妇儿，她倒像是大丈夫。那时我还不懂，只是傻笑地应承着，心想只要能和欣欣在一起，我倒是做什么都无所谓的。那时夕阳西下，映在她红彤彤的小脸上，她害羞地扭过头，甩起长长的辫子确是好看，回眸一笑配着两个深深的酒窝，那场景我竟痴了。只是感到脸颊泛红，仿佛全身被火灼烧，竟也转过头去。这时她就狠狠地抓紧我狂奔了出去，一边跑一边嘴里喊着："小媳妇儿，小媳妇儿，我有小媳妇儿啦！"当时的一抹斜阳是多么美啊……

一声哨音响起，把我拖进了现实，眼前的欣欣穿着军绿的迷彩服飒爽英姿，宛如十年前的"淘气包"，望着她的背影，走正步时迈错了步子竟也不察觉。训练结束后，我急切地走到了她面前，幻想着她见我时也如我这般神情恍惚，眼神迷离。"喂，小媳妇儿。"她热情地唤着我。我佯嗔道："别胡说，我看你才是小媳妇儿呢！"她笑得花枝乱颤，我痴痴地凝望她的酒窝。"欣欣，笑得这么开心啊！这是谁啊？你同学吗？"这突如其来的陌生男子声音犹如过电一般打了我一下，我警惕地看向了欣欣背后的方向。

　　那是一个干净、阳光的男孩，阳光下竟与欣欣融为一体。欣欣轻声唤着："锋，这是我发小，我们从小就是邻居。阿明，这是我男朋友，锋。"说着将头靠在了他的肩膀上。我微笑着伸手去和锋握手，寒暄了几句就说有些事还没有处理完就先走了。回过头去，眼睛却被太阳晃得刺眼，我浑身发冷，一个哆嗦，眼泪竟被生生忍了回去。

　　后来得知，锋是我们学校大二的学长，刚来报到的时候是这位学长接的欣欣，又因为是老乡，所以，在几天的照顾下，他就顺理成章地成了她的男朋友。每天看到她们在一起吃饭，一起去图书馆，一起散步，我就总能感觉到那日太阳的刺眼。有时候，夜已经深了，寝室只有我一个人还没有睡，独自站在走廊里踱来踱去，一手拿着手机，一手夹着烟，思忖着要不要打个电话给欣欣。"哪怕只是简单地问问家里人好、在外地是否习惯等问题，应该不会有问题的吧。"手机输入了电话号之后却又被我挂掉了，想起了锋，"算了，她现在有人照顾的，怎么会记得我。只要她过得幸福我也就无所谓了，何必去打扰她生活呢。"反反复复，日日夜夜，我就这样自己纠结着。可每当在校园里面遇到她的时候；我都是报以微笑，看着她的身边有锋的陪伴，笑得那样灿烂，我也就释怀了，可是，只有我自己知道半夜两三点钟时外面的天空到底有多黑……

毕业后我去了北京，尽管我的家人都不同意我去那边工作，他们都希望我可以回家陪父母，可是我想去，无关乎什么梦想，也无关乎薪酬。只是我和欣欣在十多岁分别的时候我俩就有过承诺，以后要是见不到了，就约定大学毕业后就去北京工作，即使碰不到，但在一个城市至少也是好的。直到拿着去北京的火车票时，朋友小胖劝我："兄弟，别痴心妄想了，人都不是你的了，还去那伤心地干吗？没事找刺激啊？"我明白小胖说的意思，可是我就是个飞蛾扑火的性格，只要我认定的事情，哪怕粉身碎骨我也要去闯，哪怕只有一丝希望，我也不会放弃的。

到北京工作一年以后，我的日子也按部就班地过着，先后也有不少人介绍女朋友，可就是忘不了欣欣的笑脸和酒窝，也就没再去相亲。总是想象着在某个街道的拐角或咖啡厅的角落里偶然遇见到欣欣，阳光映照下的笑脸和酒窝，仿佛忘忧草一般，闪烁在我脑海间。

有一天，我去客户那里交项目计划书，一个秘书接待的我。在会议室等待他们部门经理的时候，那个秘书给我倒了一杯水，说着："先生，请先喝点水，我们经理马上就过来。"听着这些话，我的心震了一下，微微抬起头看向了眼前这位秘书，她也看向我，两个人相视一下，竟呆呆地望着，彼此没说一句话。

过了一会，我才缓过神来，缓缓地说："没想到在这儿遇到你，你，过得还好吧？"

她微笑着，默默地点点头。

"哦，你和锋怎么样了，应该快结婚了吧，到时候可别忘了叫我喝喜酒啊。"我虚伪地装腔作势，可能是我实在太心虚了的缘故，声音竟也颤抖起来，我怕被她看出来，便急忙地喝了口水。

　　"当心热！刚倒的呢。"急切的口吻中掺杂着<u>些责怪</u>，"都这么大的人了，还不懂自己照顾自己。"

　　顿时，心中一甜，带着充满渴望的眼神斜眼向上，看着她，急切地等待她说出我所期望的答案。

　　她低眉垂眼，面颊绯红，嘴角泛起了一丝诡异的微笑，仿佛她那眉眼之间便将我看透了一般，让我无处躲藏。时光一下子闪回了小时候的光景，在阳光下，她伸着手对我说："走啊，小媳妇儿，我看你是饿了吧，我带你去吃好吃的吧。"眼前的景象竟也模糊了，我也只是低头避开了她那眼神。

　　"嘿嘿，小媳妇儿，你看我的手是不是比以前更好看了呢？很细很白对吧？"她嬉笑着将手向我面前比划着。

　　我抬起头看向她那纤纤玉手，浑然天成，洁白无瑕。眼光自然而然地瞄向了那中指和无名指——没有戒指，也没有戴过戒指的痕迹。我好像明白了她的意思，带着欣喜又怀疑的眼神慢慢地看向她，仿佛在等着她给我一个确定的答案，一个我期盼很久很久的答案。

　　她微抬眉眼，看着我复杂的眼神，"扑哧"一声竟笑了出来，随后便是害羞地将脸移向了侧面，缓缓着点着头。

这时，阳光映下来，照在她的侧脸上，微红的小脸蛋让我如痴如醉，这一刻，我知道，我将是这世界上最幸福的人！

传奇 2

——只是因为在人群中多看了你一眼

2010 年的春晚，久违的王菲在央视梦幻华丽的全息舞台唱了一首《传奇》，这首歌就在中华大地上火了一整年。这首歌实在是太好听了，王菲干脆就顺势推出了一支单曲并大获成功。王菲仙气飘飘的吟唱配上古韵遗风的编曲，如何不让人觉得绕梁三日、余音不绝？

只是因为在人群中多看了你一眼。

深情之语，似嗔似怨。王菲站在台上，四周是飞舞的蝴蝶，她眼神清澈，歌声清丽。好像是一个无邪的少女，有朝一日偶遇一位翩翩公子，便痴心一片，再难以自拔。该怪谁呢？一切的一切只是因为在人群中多看了你一眼。

这首歌清淡舒雅，柔情似水。连句子都带着比兴的复古风韵。那些蔓延在古书里的真挚情感，如同久置的美玉，透出润泽的光芒，令人神往。

木心先生在诗里说：从前的日色变得很慢。车，马，邮件都慢。一生只够爱一个人。

从前的爱情很慢，喜欢一个人，总要经历一番孤单思念。那些细碎的情感，被时光慢慢淘洗，一点点累积，一点点酝酿，最后变成浓得化不开的爱。

从前的通讯不发达，我们用红笺小字，书尽平生意。将那些不可言说的小心思，全数交付鸿雁。

从前的人们住得远，每见一次面，就得准备好几天。每一次分离，都要难过好几年。

从前的人啊，总是很含蓄，爱上窈窕淑女，只敢远远站在对岸，借那苍苍的蒹葭，诉说自己的爱慕之心。

想你时，你在天边；想你时，你在眼前；想你时，你在脑海；想你时，你在心田。

魂牵梦萦的单恋，好像离我们越来越远了。偶然有人唱起这样的歌曲，人们才会勾起隐藏在内心深处那一分青涩的悸动。

谁年少时没有几次单相思呢？谁在青春时没有几次一见钟情呢？

暗恋的美，带着几分甜蜜、几分酸涩。

也许就是在做操时遇见过几次，在一群小伙伴中的女孩，笑得像是天使那般纯洁可爱，让男孩的心沦陷在她甜美的笑容之中。从此，男孩总是守候在教室窗前等候心爱的姑娘走过，看她飞扬的裙摆，看她被风拂过的发丝，空气里好像就会留下一阵淡淡的幽香，让人遐想。若是她有一天能冲自己嫣然一笑，那就像看见了雨后出现的彩虹，心里好像喝了蜜一样甜。调皮的男孩子又总爱捉弄喜欢的姑娘，偷偷将虫子放进姑娘的铅笔盒里，期待在姑娘花容失色、失声尖叫的时候闪亮登场，扮演救美的英雄，可是躲在墙外的他却始终等不到姑娘的尖叫声。偷偷向隔壁班的同学打听她的近况，听说她又拒绝了一个男生，一面窃喜一面又有些失落。听说她肚子疼，便翻墙出校门去买热牛奶，买回来之后又怕姑娘不愿意收，只好偷偷放在她的抽屉里。就这样傻傻地喜欢着，那些疯长的思念始终没法对她说出口。因为自己不是高富帅，不是学校的风云人物，只有在每周周会批评那些翻墙的游戏少年里才能听到自己的名字。

这样的单纯的暗恋在毕业之后渐渐淡去。大学丰富多彩的生活，一下激发了他的热情。他欢呼着去迎接新的开始，去参加多如牛毛的聚会活动，和舍友一起无忧无虑地玩游戏，也勇敢地追逐笑得让自己心动的女孩子。一边爱，一边学习如何去爱，品尝了爱情的甜蜜，也体会了失恋的苦涩。经历了两段感情，到了毕业时，他又变成了孤家寡人。

孤独是现代人的注脚，孤身一人，他回到了家乡，找到了说得过去的工作，偶尔想起爱情，他还是会勾起嘴角。不知道当年那个笑得像安琪儿的姑娘，现在过得怎么样呢？

不过世界真的很小，在两年后同学聚会的时候，他又和天使姑娘遇见了。

"嗨，你还记得我吗？"

这次，他没有再错过她。

这个童话般的故事，主人公是我的表姐和表姐夫。

表姐是个大美人，从小就不乏追求者，家里也宠着她，可这么多年却从没谈过一次恋爱，眼看着要成大龄青年了，家里人都催她，可她一点也不着急，"不喜欢就是不行"，她总是这样说。当她和表姐夫在一起的时候，多少人跌破了眼镜。因为他不帅，不高，没有钱，甚至有些大叔气质。我偷偷问表姐为什么要和他在一起？表姐说，因为他懂我。虽然他不是条件最好的，可是和他在一起是最舒服的。骄傲的表姐在他面前，就是个甜蜜的小女人，连她的闺密都说，从没想过有一天她能够这样柔情似水。

我又问她："你当年知道他暗恋你吗？"

表姐说："当然知道啊，喜欢这种东西都是藏不住的。我当时觉得这些男生都太幼稚了，所以完全没动过谈恋爱的心思。现在啊，虽然他还是像个大孩子，但他能够包容我，并且有一份坚定的信念和幸福的决心。"说完，表姐的电话就响了，看着讲电话时一脸幸福的表姐，我由衷地为她感到高兴。

幸好他们没有错过。

虽然前路还很漫长，但是只要有爱，问题都会迎刃而解。未来什么的，还是会害怕，可从此不再是一个人去面对，一想到这个就觉得充满力量。用心地去生活，勇敢地去爱，去谱写属于自己的传奇。

耳机里又响起王菲的歌声，这样幸福的歌曲，让人听着就会勾起嘴角。只是因为在人群中多看了你一眼，而幸运的是，可以和你一起度过往后的岁岁年年。

有时爱情徒有虚名

——爱到担当不起

不知不觉　进入　爱不释手的游戏

不知不觉　发现　一切早安排就绪

点亮灯火　站在　没有了你的领域

爱你的微笑　爱到担当不起

爱情这个东西，一旦陷进去，就难以脱身，坠入爱河之后，就是手脚并用也不一定能够自救。人类的这种情感，强烈得不可思议，形态多姿多样，避不开，逃不掉，甜蜜与痛苦相伴随，那种醉人的滋味，让人无法免疫。爱情造成混乱，总让人干一些傻事，却又乐在其中。爱情造成困扰，"他爱我？他不爱我？"的问题始终是无法解决的世纪难题。如果用生物学的观点去分析爱情，那么我们可能会得到一些无趣的结论，比如爱情的本质是身体分泌的荷尔蒙之类的物质造成的相互吸引，然后刺激人的大脑分泌一些多巴胺，让人感觉到幸福、欣喜。

也许爱情本身就是一场幻觉。区别在于，你是否愿意去相信。

王菲唱这一首《有时爱情徒有虚名》，总是带着她的自由态度。爱情是什么？没有爱情会怎样？这些问题她没有答案，她的声音里也写着"I don't care"。她是爱情里的脆弱的女战士，用尽力气去爱，毫无保留。在心灰意冷的时候，也只是倔强地唱着失望的歌曲。

天后的情路坎坷，每一次爱都爱得轰轰烈烈，每一次爱都成为街头巷尾议论的话题。这其中的心酸苦楚与幸福欢乐，都是如人饮水，冷暖自知。

爱过几分，倾诉多少，都没人为它感动，还是忘了最好。

许多事情，没必要说给不明白的人听，终归是自己的事，不需要别人的声援或是同情。有人问起，只是笑笑说一句"有时爱情徒有虚名"。

爱情的反复无常令人难以把握，人们因此受尽折磨，一面沉醉，一面又想解脱。既然如此，倘若有一天，人类能够发明出一些"制造"爱情的化学物质，从此爱情成为可以控制的，人类的生活是不是会因此变得更加开心呢？

我不知道。若是我，我一定是不愿意的。人的恐惧来源于未知的未来，可人的乐趣也在于此。阿甘说过："生活就像一盒什锦巧克力，你永远不知道下一块你会吃到什么。"人的一生已经要计划太多东西，若是爱情这样极致的快乐也要失去它本来的风险，那么生活未免也太过无聊。爱情之美丽，恰恰在于不知道它什么时候到来，也不知道它什么离去，甚至我们拥有它的时候还不能肯定那是不是真的爱情。我们不知道真爱是不是真的存在，不知道所遇到的情人会不会是一生的伴侣，也不知道爱情是不是幸福的必需品。

有的人追求细水长流的幸福，有的人追求火山爆发的快乐。不可控制的爱情，是生活中难得的刺激。这样的想法很危险，但是，也很迷人。只是刺激一旦成为一种习惯，就需要寻找新的刺激。只可惜生活的本质是重复，我们只能希望自己在重复之中得到满足。爱情的数量并不能决定快乐的程度，也许人类会越爱越空虚。

爱情千奇百怪，爱情整齐划一。

我不知道爱情有多少种形式，也不知道有的情感是好感还是爱情。那些"朋友以上、恋人未满"的游戏，也许只有双方才能明白中间有多少爱意。

J 先生找我的闺密 L 小姐搭讪的时候，我们都惊讶于 L 小姐走了好运。L 小姐是 J 先生的学妹，J 先生在学院内以吃得开、人缘好出名，一米八几的个子，阳光帅气，谈吐幽默，追他的姑娘可以从男生宿舍排到校门口，更难能可贵的是如此受欢迎的 J 先生手里还紧握着他的初恋。L 小姐是个特别娇小的女生，古灵精怪，牙尖嘴利，是一朵经济学院里为数不多的高数永远不及格的奇葩。听说 J 先生正是在暑期高数重修时注意到 L 小姐的。某一天，L 小姐睡眼惺忪地抱着一堆高数资料去上课，走过的 J 先生注意到了像个小学生一样背着双肩包的她，并被她修长的脖颈所吸引。

天晓得丘比特的箭是怎么射的。总之就是 J 先生看起来好像对 L 小姐很有兴趣。他要到了 L 小姐的微信号，并给她发来一张截图。上面是他和他的好朋友讨论如何向 L 小姐搭讪的对话。

J 先生："你看这个怎么样?"

"我高数 90，你呢?"

友人："……"

J 先生："这个呢?"

"我一米八，你呢?"

友人："……你干脆问她，你脖子很好看，可以啃吗?"

J 先生："不行，我害羞……"

这样别具风格的出场，不得不说吸引了 L 小姐的注意。于是他们开始进行在微信上打嘴仗的游戏，你来我往，时常对着手机傻笑连连。

两个人都是高傲的人，又骄傲，又羞涩，加之 J 先生即将毕业，没有人肯迈出关键的那一步。J 先生平时总爱说些暧昧不明的话，言辞之中，将 L 小姐视作自己的女友，却又不敢挑明。L 小姐既不肯主动说破，也不愿意默认，连主动一些也不肯。两个人就这样较着劲。我们都劝 L 小姐，实在觉得如此磨蹭很难受就去问清楚吧，可 L 小姐总是不愿意。就这样，J 先生暗示了又暗示，L 小姐顾虑了又顾虑。两人不知一起吃过多少次宵夜，逛过多少次校园，却始终不肯承认爱着对方。L 小姐不是不在意，只是她有太多的顾虑。这样拖着拖着，毕业季就来了。毕业季之中发生了多少事，我们都不知道。只是听说，J 先生没有按原来的计划出国，也没有回到资源丰富的家乡去，而是选择留在了广州打拼。有人说，J 先生是为了 L 小姐留下来的。可 L 小姐最终和 J 先生断了联系。

　　我有时候在想，L 小姐与 J 先生之间到底有多少爱情的成分。相爱的两个人为什么不能在一起？原本美好的爱情，却被他们赋予太多的期待和压力。

　　也许这只是一次真爱前的练习，因为他们都对彼此没有信心。

　　爱来爱去没了反应，灯火惊动不了神经，有时爱情徒有虚名。

第三辑

/

这是
我的爱情宣言

/

我那么爱你，那么爱你。

爱情是一张彩票，遇到你是我中过的最大的奖。

我想每个人一生中都会有一个深爱的人，

无论最终是否在一起，这个人在心里都成了永恒，

他在，便是天堂，他走了，心也就成了一座废墟，

纵然是迎接了他人，也再不如当年那般绚丽。

爱你，用尽了我所有的力气。

我愿意付出一切，只换得你开心。

红豆

——愿君多采撷，此物最相思

有时候　我会相信一切有尽头

相聚离开　都有时候　没有什么会永垂不朽

可是我　有时候　宁愿选择留恋不放手

等到风景都看透　也许你会陪我看细水长流

　　小的时候，总觉得如果非要在爱我的和我爱的中间选择，我一定会选择爱我的，毕竟被爱总比爱人更幸福些，但慢慢长大，尤其是在有了自己所爱的人之后，才发现，爱人其实比被爱幸福很多，也难得很多，反而是被不爱的人爱才是一种内疚与感动交加的痛苦感受。当然，最好的自然是我深爱着的他也同样深爱着我，相爱的感觉真如甜蜜软糯的红豆沙，让人浑身上下都充满了幸福的光芒。

《红豆》这首歌，我尤其喜欢林夕的这首词，爱情的魅力之大最重要的是让人对整个世界都充满了希望，虽然有时候我们都会觉得人生几十年，相聚离散都有定数，没有什么东西——记忆也好，生命也好，可以永垂不朽，但是有了爱情，好像这一切都不再那么可怕，因为有了那个相爱的人，有了对方的陪伴，会如此感恩这个世界，会觉得如此幸福和满足。

我还记得我跟他刚刚在一起一个月的时候，那天我特别希望他可以纪念一下，哪怕是一句话，一个小礼物也好啊，可整整一天他什么反应都没有，我在宿舍里憋着气，心里想着，哼，这么不懂浪漫的人，我才不要跟他在一起。已经很晚了，他突然给我打电话，神神秘秘地让我下楼，我心里还在想，啊，这块木头终于开窍了呢，欢欢喜喜地下楼，却看他两手空空等在楼下要跟我去散步。

我心里咆哮道这么冷的天谁要跟你散步，但无奈那时还在保持淑女形象，只是低头跟他在学校小树林里一圈又一圈地走，后来实在走累了，他坐下休息，我那时已经不再想着纪念日或者礼物的事了，只想赶紧回到我那温暖的被窝，没想到他突然拿出一堆情侣的钥匙扣在我面前晃，现在想这是不是他的小战术，等到失望透顶时，小惊喜就变成了大惊喜，我欢欢喜喜地接了礼物回寝室，才发现还有一份礼物在我床上，这才知道这是他跟我们寝室同学联合给我的惊喜。这个手段简直贯穿了我的整个大学生活，好在我一直比较木讷，对这招小惊喜屡试不爽。

这些事情说来都是小事，但隔了 5 年时光，钥匙扣还在他的钥匙上，他送的玩偶还在我的床上，这样想来好像更有了一份暖暖的感觉。感觉爱情从来就没有离开过我，更加感恩岁月和命运如此眷顾我的爱情。

很多人都会问我，这么多年在一起，会不会觉得感情越来越淡，越来越没有意思。其实，我真的觉得，反而是过了最早的激情期之后，我每一天都比昨天更爱他。激情真的只是一瞬间的事情，在某个情景下，跟某个有些喜欢的人，做了一些疯狂却又浪漫的事，这些回想起来，让人心动的大多数是那样的一种感觉，一种特定的情景。但是当激情逐渐退却，爱情的本质才慢慢彰显，才会慢慢看清爱上的到底是一种感觉，还是陪在身边实实在在的人。

相爱是一种什么样的感觉呢？我想，应该是在陌生的城市回头发现只有熟悉的他在身边时的那种安心，还有每一天看到他会在心底说"有你真好"。无论在一起多久，每当他的眼神落在你身上，每次深深看进他的眼睛里，心里酥酥麻麻的，依然会湿了眼眶，会在心里默念，让我们永远在一起。相爱无须多说，只是幸福得太过，总会担心这一切会不会只是一场梦，醒来出了一身虚汗，黯然发现曾经深爱的那个人从来没有来过自己的身边。

曾经看过一个电影《前度》，看得心里难受得要命。我是那么害怕，那么害怕，害怕突然有一天不知道到底为了什么，我们终将分开，然后带着对方刻在自己生命里的印记继续前行。每一个熟悉的场景，每一段相似的对话，每一个相像的人，都会像身体上的一道疤，提醒自己那段无法忘怀的伤痛回忆。最害怕，我还觉得日子还长，你却在我的生命里销声匿迹。不光是害怕两人不会再如此相爱，也害怕生命的无常和命运的不测。

我是一个非常怕死的人，虽然被他笑过无数次，我也必须说，我真的是一个非常怕死的人。有时候想想一切的回忆也好，都会在死的一天随着生命消亡，再也不会看到这个世界的美好，听不到悦耳的音乐，触碰不到自己爱的人，我会想着想着突然发起抖来，心里像响着一声声钟声，把我一步步推向那个黑暗的无底洞。

在之前的岁月里，我经历过两次亲人的逝去，都是突然的没有任何预兆的逝去，从此，突然之间，生命中少了一个人，不知道去了哪里，再也不可能看到也不能听到，无法得知任何的消息，这两件事对我产生了巨大的影响，我开始害怕死亡，害怕亲人突然的离开，甚至害怕每一个突然的来电，对逝去的恐惧就像是勒在脖子上的绳子，一想到心就害怕得缩成一团。在这两件事情之后，我无比希望世界上真的有灵魂的存在，可以告诉我，那些逝去的人开心地在另一个世界里生活，他们可以听到我说的话，永远不会忘记我。

以前对于爱情，是没有其他的感触的，觉得爱情就是爱情，无非是我爱你，我恨你，对不起，在一起。直到遇见了他，爱情变成了生命中不可分割的一部分，再听这首《红豆》，有了更多人生无常的感受，歌曲也像书，不同的时期有不同的感受。

我想这也就是为什么那么多人喜欢王菲的原因吧，不同的时期听到的也是不同的王菲，歌还是那首歌，但此时心境却不似当年，只有王菲淡淡地唱着同样的曲子、同样的调子，感动着不同时代的人。

矜持

——放下矜持说“我爱你”

我从来不曾抗拒你的魅力

虽然你从来不曾对我着迷

我总是微笑地看着你

我的情意总是轻易就洋溢眼底

我曾经想过在寂寞的夜里

你终于在意在我的房间里

你闭上眼睛亲吻了我

不说一句紧紧抱我在你怀里

我是爱你的

我爱你到底

我还记得，在我考入大学那年，17 岁的我抱着对爱情的无限幻想对自己说，爱情于我，得之我幸，不得我命，只等那一人，绝不凑合。在那个对爱情孤傲的年纪，我还是不懂得这首歌的含义的，甚至是瞧不起歌里的姑娘的，我恨恨地想，无论有多爱，我都不会放下矜持对那个人说，我是如此如此爱你，不在乎自己地去爱你。直到 18 那年遇到他，从此天旋地转，一头扎进爱情里，幻想与他白头到老，幻想所有将来的美好时光，远远看着他就不由自主的笑容满面。

年少时的爱情总是激烈的，带着不顾一切的热情和憧憬，他是我的初恋，我用 18 岁前看的言情小说试试探探着从没了解过的爱情的定义，用各种言情剧里的段子去考验他，相信他爱我，又不太相信他爱我，如此兜兜转转，吵了无数次的架，哭红了无数次双眼，如此时光流转，5 年过去，这句"我是爱你的，我爱你到底，你是爱我的，你爱我到底"，才有了切身的重量，让我好想回到那年，对着那个 18 岁对爱情迷茫的自己说，你真的可以深深去爱他，只是怕没走过那段拉拉扯扯爱情之路的她红着双眼撇着嘴又走开，留下那个爱她如生命的男孩等在原地手足无措。

我一直不相信，两个人没有真正在一起之前说的"我爱你"是真的爱，顶多就是喜欢而已，只有原本有着距离的两个人一点一点靠近，被对方吸引，被对方的刺扎伤，不断重复着甜蜜和伤害，终于有一天找到一个温暖又不会受伤的拥抱姿势，然后对对方说，我是爱你的，这个爱里所有的那些只有两个人知道的曲折旅程才是爱情的真谛，才是别人抢不走的唯一。

男生可能并不能想象女孩要经过多少次的犹豫和挣扎才能一头扎进你的怀抱。担心着他得到了就不会再珍惜，担心着交出了自己从此就给了那个人伤害自己的权利，害怕着这种爱到无法离开的不安全感。期间犹犹豫豫，试试探探，神经质般的敏感，又有几个男生可以理解并包容呢。当她终于放下矜持，言笑晏晏说着我爱你，我爱你到底，又有几个说过"我也爱你"的男生懂得珍惜了呢。

爱情最美好的，不过是我爱你的时候你恰好也爱我。没有迟疑，没有观望，千千万万个黑白色的人，只有那个你是彩色的。我始终记得，在走丢了的那个晚上，熙熙攘攘的人群里，陌生的城市带来的不安全感在看到他的瞬间完全消散，好像不管发生什么，只要在他的怀里就都是安心的。

矜持，对于女生的意义来说可能远远大过于男生。矜持不仅仅是因为害羞的不好意思，更是一种心的依赖和信任。矜持代表着一种女生的小骄傲，是开启女生心门最后的一扇屏风，绕过此处，后面姹紫嫣红只为一个人开放。当终于对一个人放下矜持，将自己完全交出，那种感觉，既无比美好，又无比没有安全感，像一个走出角落鼓起勇气打招呼的小孩，期待着从此会得到的无尽宠爱和永恒爱情。

对于大多数女生来说，能够爱上一个让自己放下矜持的男生其实是很幸福的，对于大多数男生来说，能够做一个让女孩放下矜持的人也是很幸福的。但放下矜持并不是在一起之后形象和行为的不修边幅，而是在吵架无比凶悍的时候仍然不怀疑对方是爱你的。在我与他最初的几年里，我们无数次的吵架，我已经不记得吵架的细小原因，只是每次吵架的最后都是一句"你不爱我了"，将他让我不满意的每一个地方都归结到不爱，我想那时我心里是没有放下矜持的，是害怕深深爱上他不能自拔，于是不停地告诫自己他不爱你，不要深陷进去，给自己找任何一个微小的理由而离开他。而如今 5 年过去，我们依然吵架，他依然会做很多让我生气的事情，但我再也不会认为他不爱我了，吵架，无非只是吵架而已。

只是这中间的矜持下，信任的建立是个最大的工程，就像修行一样，破功容易守功太难。很难说我们之后一生是否还会一如此时这般相爱，如今只能守住这来之不易的爱情，期望明天的我们会像今天一样相爱。

今日再听这首歌，感慨早已不同于那年 17 岁，也许，歌也如书一般，有些歌要等到能听懂的年纪才有切肤的感动？只愿所有期待一心上人的女孩们，能找到那个使你放下矜持、相爱到底的人。

我愿意

——Yes，I do. Always and forever

我愿意为你　忘记我姓名

就算多一秒　停留在你怀里

失去世界也不可惜

我愿意为你　被放逐天际

只要你真心　拿爱与我回应

什么都愿意　为你

小时候就读过一首词——宋代李之仪的《卜算子》，词里说："我住长江头，君住长江尾，日日思君不见君，共饮长江水。此水几时休？此恨何时已？只愿君心似我心，定不负相思意。"卓文君也曾对司马相如写过决绝又心痛的信笺：愿得一心人，白首不相离。自古以来，对于爱情的憧憬，都是这样，只要你真心用爱与我回应，为你我什么都愿意。只是在茫茫人海中，怎样找到那个爱上且不被辜负的一心人，这是每个女孩都想学习并修到好成绩的功课。

从十一二岁开始，好像就懵懵懂懂地有了关于爱情的幻想，还记得那个时候传唱的儿歌，"小燕子飞飞五阿哥追，福家少爷爱紫薇……"，现在想想虽然那个时候幼稚得可笑，但对于爱情的憧憬都是一样的，我还记得，那个时候有个男孩总是欺负我，把像极了毛毛虫的白杨树的花放到我的铅笔盒里，上课的时候揪我头发，总是跟我顶嘴，我一直觉得他一定是讨厌极了我，那个时候我觉得无比的委屈，直到很久以后，偶尔聊天问起来，才知道那个时候他是喜欢我的。也许那个时候对于爱情的表达还不像现在如此具有爱意，只用一些能引起对方注意的小动作，就像那个时候其实我是喜欢我们班的学习委员，他长得特别白净，学习也特别好，但是很腼腆，我总是不知道怎么样才能跟他说上话，于是我就总是故意碰掉他的东西，在他面前大声说话，现在想来这些行为太过幼稚，他一定会更讨厌我，但是那个时期的我，只想着只要他能看我一眼就好了。比起长大之后学到的吸引男生注意的小小心机，现在看来，没准儿那个时候的小喜欢，才更接近爱情的本质吧。

后来，就到了十五六岁，那个时候过了肆无忌惮、和男生也能打打闹闹的年纪，女生们纷纷变得淑女起来，不再随便跟男生说话，学校里总是在警告学生不能早恋，心底的那些小情绪都只能深深埋在心里，如果别人开玩笑说你是不是喜欢某某，也要满脸通红地矢口否认。但是这些又怎么阻挡心里的那些小情愫呢，我还记得，那个时候我已经不再喜欢学习成绩特别好的闷闷的男生，开始喜欢我们班特别张扬、特别淘气的体育委员，那个时候女生的喜好好像就是在学习委员和体育委员之间徘徊，我还记得那个时候郭敬明的小说开始在学校中间大肆流行起来，以至于现在我回想当初为什么会喜欢那个男生，好像真的是因为在金黄的夕阳下，他穿了一件我特别喜欢的白衬衫，我抱着的作业本散落了一地，他微笑着蹲下帮我拾起来，那一瞬间，他好像真的放射着一种王子般的光芒。说起来好像特别肉麻又无病呻吟，但当时的心情真的是这样的，那个时候的日记本满满的都是那个男生的名字，每一次偶然的擦肩而过，每一次他无意对我说的话，每一次我在操场上看到他，都会填充满我那一天的生活，后来的两三天都会回忆又回忆，梦里都梦到大笑。虽然很多年后的今天，再次看到他上传的近照会觉得好像跟当初喜欢的已经不是同一个人了，但还是会很怀念当初那种莫名的、怦然心动的感觉。

到了大学，终于到了可以名正言顺谈恋爱的时候，反而很多情绪没有像初高中那么美好和心动了，当终于没有人在耳边一遍一遍唠叨不许早恋的时候，爱情的感觉反而没有那么强烈，也不如初高中憧憬的那般美好了。虽然肯定不如步入社会之后的爱情那样复杂，但也不似初高中那样青涩了。不过好在，在大二的时候就遇到了那个他，在最容易受伤的时候并没有被爱情欺骗，感受到的都是初恋慢慢的美好与幸福。

《我愿意》这首歌，应该说唱出了各个年龄段对于爱情的最美好憧憬，希望为一个对的人痛快爱一回，也希望有人能什么都愿意地对待自己。这也就是为什么《我爱你》这首歌在1994年发行之后一唱即成名曲的原因。这首歌也成为1994年全年播放次数第二名的原创歌曲。值得一提的是，这一年，王菲凭借在《重庆森林》中的精彩演绎获得"斯德哥尔摩影后"殊荣，并且荣获第十四届香港电影金像奖最佳女主角提名，并且入围台湾电影金马奖最佳女主角候选名单。

这一年2月，王菲正式公开了与窦唯的恋情。

王菲曾经说过，为爱付出一切是很正常、自然的事情，别人"哇！"时，对我来说并不算是一回事。爱情其实真是这样，就像如果你不向世界敞开心门，世界如何走进你心里呢？对于爱情来说，如果你不愿意为对方付出全部，那么你又有何资格去要求对方成为你的一心人呢。只是爱情这门修行，还需要一些缘分，才能让我们在漫漫人生中得到那个心灵契合的人。

相爱总是一件特别幸福的事情，暗恋和恋爱所付出的其实是差不多的，但是只有当有了一个人回应，有了一个人欣然接受了爱的付出并给予了回报，付出的苦涩才会变成甜蜜，从此心心念念的你我才变成了我们。这样的幸福关系里，哪怕真的忘记了自己的姓名，被放逐天际，也是心甘情愿、无怨无悔的，甚至心里甜蜜得要命。

所以，才会有人说，世界上最美好的事情，就是我在爱着你的时候，恰好你也爱我。

只爱陌生人

——嘘，不要表白，我只爱陌生人

就给我一个吻

给我爱上某一个人

爱某一种体温

喜欢看某一个眼神

不爱其他可能

我只爱陌生人

喧嚣的城市里，会不会有那么一个瞬间，特别想要离开这个熟悉地方，去往一个陌生的城市，走在陌生的街道，满目都是陌生的街景，迎面而来的都是操着陌生口音的陌生的人群，不需要再支撑着好不容易建立起来的良好形象，再也不用活在别人的期望里，可以去做任何自己想要去做的事，走一条不同的路，看不同的风景，做另外一个人，谈一场放纵的爱情，如此这般，该是一件多么幸福的事情。

在城市里待久了，很多时候都忘记了是因为喜欢现在的生活，还是习惯了现在的生活。每天一样的风景，每天一样的对话，闭着眼睛都能想起的每个站牌，生活就像陷入了单曲循环里，反反复复唱着同样的曲调。

在城市里待久了，很多时候都忘记了自己究竟是一个什么样的人，听得更多的是你在别人眼里是什么样的人，如果被夸奖的多了，不由自主就会变成别人形容的样子，活在别人对你的期待里，不再放纵、不再任性，做一个完美的模特，展现着别人眼里的美好生活。

在城市里待久了，很多时候都忘记了身边的人是如何爱上的，只记得每天两个人的狼狈清晨和每天想不起来吃什么的一日三餐，相爱是件很美好的事情，只是在长长久久的相守里被磨淡了，剩下了过日子的柴米油盐酱醋茶。

会有会有那么一个瞬间，你想要发疯一样大声嘶吼，将长久以来的伪装撕成碎片，不再在乎任何人的眼光，赤裸裸地放纵自己的所有欲望，像一个别人眼里的精神病人一样。也许，有句话说得对，精神病人其实不是疯了，而是突然清醒了，而我们这些在世间忙忙碌碌的人们，才是一直疯着的。精神病人只活在自己的世界里，只讨好自己，而我们却活在无数个人的世界里，扮演着好儿女、好爱人、好同事，讨好着所有的人却忘记了讨好自己。

　　我多么想身边永远都是陌生人，不用在乎小心翼翼担心这次的不愉快会不会影响以后的人际关系，不用在乎此时此刻爆发出的小情绪会把身边的人吓走，不用担心如何保持良好形象以进行下一次约会，我们永远都是陌生人，此刻一别终生不见，那才真是活在当下吧。也许长大以后，也只剩下陌生人可以听我们抱怨对生活的不满，陌生人变成了成长之后的树洞，只有对着陌生人我们才能说出埋在心底无可诉说的无奈。

　　我多么想爱上一个陌生人，我只是爱上他，却不用一起走过可以改变太多事情的人生旅途；我只是爱上他的一个微笑或者身边好闻的味道而不用面对相处之后那些我无法忍受的小习惯；爱上一个陌生人多好，刚刚爱上就要离开，故事刚刚有了一个无比美好的开始就要结束，永远不用面对以后接踵而至的俗套剧情。

人生若只如初见，何事秋风悲画扇？等闲变却故人心，却道故人心易变。

没有后来梁山伯和祝英台的含泪化蝶，没有杜十娘死心绝望的怒沉百宝箱，没有后来卓文君面对变心的司马相如字字红泪的"锦水汤汤，与君长诀"，没有后来杨贵妃芳魂归去的马嵬坡，没有后来就没有结局，也就不会有后来的万般不甘心和无数个辗转反侧的难眠夜晚。

所有美好的故事都发生在你我还是陌生人。没有后来的朝夕相处，没有后来的琐碎世事，没有日渐磨灭的爱情，没有人力不可更改的命运作怪，我们都只记得最初我爱你的那一刻，你回眸一笑，我羞涩低头，从此擦肩而过留下最好的回忆，不是更好些。好过眼睁睁看着身边的人换了眉眼，从相濡以沫的爱到咬牙切齿的恨，从此你我的爱情多了一个无法抹去的污点，盖住了曾经所有的似海深情，徒留一个悲剧故事和一声叹息。

说了太多沉重的感情，来单纯谈一谈这首歌吧。《只爱陌

生人》这首歌收录于同名专辑《只爱陌生人》中，这张专辑在
1999年9月10日全球同步发行。《只爱陌生人》这首歌由王菲
及梁荣骏制作，呈现了融合乐的曲风，而专辑中的大多数歌曲
也都是和老班底张亚东、林夕、梁荣骏等人合作，另外也有台
湾知名创作人袁惟仁和陈晓娟的作品。主打歌《当时的月亮》
是带有民谣风味的抒情曲，《百年孤寂》是现代摇滚风，而
《开到荼蘼》则是充满迷幻色彩的摇滚乐，整张专辑曲风非常多
样化。整张专辑都非常出色。

而《只爱陌生人》这首歌也作为插曲收录进了当年史泰龙
主演的好莱坞电影《Get Carter》中，因为那个欧美彪汉无意听
到了这首华文歌曲，很是偏爱。所以买了版权放在电影的情节
中，喝着小酒，听着这首《只爱陌生人》。这首歌也同样在台湾
红极一时，足见这首歌在当时的受欢迎程度。而其中 Come on
baby 的童声是王菲大女儿窦靖童所唱，也是惊喜了很多喜爱王
菲的歌迷。

我一直觉得，王菲的歌声是能够唱给灵魂听的，会让人在
喧闹的环境里安静下来，想要在那一首歌的时间里，变得单纯，
活在当下，勇敢地做自己。想要给自己一个文身，想要跑去很

远看一盏喜欢了很久的灯，想要静静地在房间里无人打扰地放空自己，想要一个陌生人的热吻，在一首歌的时间里放纵自己去幻想那些因为各种各样的原因而无法实现的小愿望，这样的一首歌，这样的一场梦，也是很值得的了。

怀念

——想念不如怀念

翻来覆去甜蜜的话语

故作神秘延续着你的好奇

也许喜欢怀念你多　于看见你

我也许喜欢想象你　不需要抱着你

我也许喜欢想象你　受不了真一起

《怀念》这首歌收录于 1997 年发行的专辑《王菲》。1997
年，对于王菲，应该是一个最大的转折点，这一年，王菲与窦
唯结婚并生下了女儿窦靖童。产后复出的王菲依然光彩照人，9

月发行了这张专辑。因为上张专辑《浮躁》由于风格太过另类、极端而导致商业上的失利，王菲在制作这张专辑时不得不谨小慎微，纵观全部歌曲，其整体风格慵懒放松，仿佛都是在不经意地吟唱。

《怀念》这首歌翻唱自极地双生鸟的歌曲 Rilkean Heart，简单的曲调，轻松慵懒的节奏，搭配上经典的吉他和旋，配上王菲轻声吟唱，越加地适合午后下午茶时间倾听。此歌像是写给情窦初开的少女，对于初尝爱情滋味的少女来说，还有什么会比单相思更能让人情迷意乱呢？简简单单的情愫，痴痴地想念着他的微笑，因他的喜乐而决定着自己的心情。世间最美好的事情也不过如此吧。

那是个深秋的午后，那时的自己才 16 岁，多美好的年纪啊，对于世间的一切都是那么好奇又向往。独自望着窗外，呆呆地愣着出神。这时一个白衣少年就那样不经意地出现在了我的眼里，一阵风吹了过来，吹乱了他的头发，看他扬起手随意捋了捋乱发，露出白净的面容，微笑着斜着仰望天空。就这一个动作，便深深地打动了我的心。

我被吓得赶紧缩回了身子，躲在窗子底下，很怕被他看出我的窘态，却又怯生生地慢慢伸出脑袋继续望着窗外，看着他的背影，仿佛那一抹白色就是初恋的颜色。

后来才知道他是我们学校隔壁高中的学生，又和我住同一个小区。心中窃喜道"既然离得这么近，以后就有很多机会看到他了"。就这样每次上学、放学都很留意着他学校的方向，刻意地等在他校门口就为看他一眼。有几次甚至尾随着他回家，就这样偷偷着跟在他背后，一路上看着他的白衬衫，如果能看到他的侧脸我便会欣喜整整一天。就是这样的背影陪着我走过了花季雨季。

其实也说不出他哪里好，甚至都没太看清他的样貌，但就是喜欢他喜欢得不得了。也许是他瘦高的身材，也许是他也喜欢和我口味一样的冰激凌，也许是他篮球打得好，也许他侧脸看上去很迷人……就这样点点滴滴地记录着他的生活，仿佛像是自己的事情一般上心。

转眼他就要上大学了，去一个我只在地图上看到过的城市。就在他走的前一夜，我盯着星星看了很长时间，辗转反侧了很长时间。最后决定给他写了一封信，我记得那封信我写了很长很长时间，我感觉我甚至把我这一辈子要说的话都写了下来。看着东方渐白的天空，我捧着厚厚的信，微笑着睡着了。

后来，就没有后来了。由于睡过了，错过了他出发的时间，再后来就把这封信连同自己的情感都封存在了那年的暑假。等长大以后，再回想这段单恋的时候，还是很遗憾没有表白自己的心意，有时晚上睡不着觉的时候还是会幻想，要是把心思告诉了他，那么现在的我是不是已经在他怀里幸福地依偎着？

单恋都是青涩的、无畏的、疯狂的、透明的。回想着青葱岁月的那段感情，还是会时不时地笑出声。也许，对于女孩子的我来讲，恋爱也许真的不需要被爱，只是想得到心思的慰藉。在自己烦闷的时候会幻想着心中的他来安慰自己、鼓励自己。这样自己就又有动力去奋斗、去生活了。

恋爱的感觉像是一种艺术。记得小时候爸爸带我去法国卢浮宫去参观，对于满厅的展品，我都很好奇，问东问西的。爸爸就问我喜欢哪一个作品，我指了好多，我们俩就这样嘻嘻笑笑地边走边看的。这时父亲停在了一个雕像前，凝望许久。我问爸爸他在看什么，他说这是断臂维纳斯，卢浮宫的镇馆三宝。

我又问那她为什么没有胳膊呀，爸爸只是淡淡地笑了笑，摸了摸我的头，说道："只有这样，她才是最美的，残缺的美会给你无尽的想象，而想象才是这世上最美的艺术。"现在回想起来，对于青涩年少的爱情，也许只有在似有非有、似真似幻的时候戛然而止才是最美的吧。

爱情是多么美好啊，就像这首《怀念》，简简单单的，没有任何的复杂音色，清晰温柔的旋律从吉他的音响中流淌出来，缓慢地陪着清澈的嗓音，会让你一下子回到初恋的感觉。就仿佛吃了一口柠檬，酸酸的、涩涩的，又有一丝甜甜的回忆。每当我在异国他乡奋斗的时候我都会在午后听着王菲的这首《怀念》，只有这天籁般的歌曲才会让我有片刻的喘息，暂离城市的喧嚣。我最喜欢这里面的这句歌词"也许喜欢怀念你　多于看见你，我也许喜欢想象你　不需要抱着你，我也许喜欢想象你　受不了真一起"就这样听着歌，缓缓地望向窗外，看见被风吹起的枫叶，渐渐地染红了天边，看着那样优美的景色，我竟也痴痴地醉了，随着音乐也轻声哼着节奏。幻想着曾经年少的他和青春懵懂的我。这时看见了一对情侣在枫树下嬉戏、玩耍，肆意地扬起散落在地上的红叶，嬉笑声、叫喊声混在了一起。突然我笑了，笑得那样无所畏惧，那样青涩甜蜜……

第四辑

/

醉过才知酒浓，
爱过才知情重

/

都是平常经验，都是平常影像，
偶然涌到梦中来，变幻出多少新奇花样！
都是平常情感，都是平常言语，
偶然碰着个诗人，变幻出多少新奇诗句！
醉过才知酒浓，爱过才知情重，
你不能做我的诗，正如我不能做你的梦。
就此错过，未必就是坏事。
为你痛过伤过，文字只是树洞，伤好以后，哪怕再见，
我只会说，哎，你好，我曾经爱过你，很深很深，
只是，那些都是过去了。

容易受伤的女人

——爱才愿意受伤啊

我却其实属于极度容易受伤的女人

不要骤来骤去　请珍惜我的心

如明白我

继续情愿热恋　这个容易受伤的女人

不要等　这一刻　请热吻

这首歌应该说是在内地传唱度最高的一首歌，因为大街小巷的播放，现在听来都感觉不到王菲声音里的那个渴望和孤独了。很多歌曲都是这样，第一次听来无论多好听，在高密度、高分贝、随处可闻的时候，好像都没有最初听来的那样感慨和有所共鸣。《容易受伤的女人》这首现在几乎是 KTV 里必点的一支歌，不需要太多的音乐技巧，不需要超低音或者超高音，所以很多女生都会必点这首歌。其实，不管这首歌已经被多少促销商场里大音量低音质的摧毁过，但在夜里，尤其是失恋的夜里，这首歌还是能够打动每一个渴望爱情却遍体鳞伤的女孩的心。

先讲一个故事吧，我有一个朋友，姑且就把她叫作小柔吧。我们认识了很多年，一直感觉她是那种弱不禁风、让人好想把她抱在怀里的小女生。小柔长得也非常漂亮，因此从她开始上学就会收到很多男生的情书，但是小柔是那种乖得不像话的女生，因此直到上大学她也没交往过一个男朋友。后来上了大学，我们偶尔联系，听她讲说，她恋爱了，对方追了她很久很久，生日给她送花，每天都会跟她说晚安，后来在寝室楼下摆了很大的蜡烛心形问她要不要做她女朋友，听着小柔幸福的声音，那时的我还在感慨，果然好男生什么的都是在别人的学校啊。那时天空晴朗，年轻的笑声好像能够直直穿过云霄，那时的我们都是没想到的，后来的发展就像一场电视连续剧。

小柔跟我说，好像在一起之后那个男生好像完全变了一个人，态度也骤然冷淡了许多。小柔以为是因为两个人在一起了，不需要那么多的花哨，于是对那个男生越来越好。我想在这个过程中，爱情也好像买股票一样，既然已经买了，一跌就要马上补仓，直到最后已经没什么可以补的，只好被套牢。小柔也是这样，慢慢地，小柔在爱情里越陷越深，那个男生反而离爱情越来越远了。

生活中的很多小细节如果回头仔细思考，也许就可以发现爱情是怎么慢慢变淡，然后变成了讨厌。比如他多久没有主动牵起你的手，比如他眼神里一点一点的不耐烦，比如他对你的评价从夸奖到敷衍……爱情毕竟不是付出就等于回报的等价投资，谁又知道这一点又一点的不爱到底是因为什么，最后的最后问的一句为什么分手，得到的回答永远是一句"好人"。

后来的故事发展其实简单来说就像是三流的偶像剧。那个男生爱上了别人，两个人约会时被小柔抓到了现行，后来男生道歉，两人和好，三个月后又被发现出轨，之后反反复复四次之后，两个人终于分手，在这场爱情里，男生并无伤害，只觉得仿佛重获新生，就此解脱了。小柔却真的被抽掉了灵魂一样。

后来她来到我的城市找我，夜里哭得眼睛整个肿起来，她断断续续跟我说了很多，有关于那个男生的事，但更多的是关于她自己。

她跟我说，很小的时候天天看到父母吵架，父亲总是很凶地骂母亲，母亲只是默默流泪，什么都不敢说，她从很小的时候就觉得，爱情也好，婚姻也罢，都是一场无穷无尽的折磨，她很小的时候就暗暗发誓，不要结婚，不要跟任何男生在一起，这样就永远不会被伤害。但是，随着年龄的增加，爱情也像一颗种子一样，无论她愿不愿意，都在心里满满地发芽生长。她总是在夜里想，如果真的有那么一个人爱她如生命，该是一件多么幸福的事情，上了大学，其实那个男生的那些疯狂举动并没有让她感动，反而让她觉得很是反感这样张扬的男生，只是他晚上每天都发过来的短信深深感动了她，第一次有那么一个人，关心她过得好不好、累不累，愿意听她诉苦，给她安慰，风雨无阻的短信渐渐在小柔心里变成了安全感。小柔让那个男生住进了心里，重建起信任的城堡，终于她可以依赖一个人，信任一个人，满心欢喜地扑过去，却发现对方已经遁走，又剩下一片废墟。

听她说起的时候，我心里觉得无比的悲凉，不知还会不会有另外一个人，能让小柔愿意再为他将心里的废墟重建，我相信是会有的，只是中间曲曲折折，对小柔或者对那个他都是一个不小的考验。

我想，每个女生的心里都有一座叫作安全感的城堡，每次深深地爱上一个人就会将那个人邀请到这个城堡里，如果那个他安心地住下去并且对城堡修理保护，女生的心也会变得越来越美好，只是怕就怕在当终于将那个人请进屋子，那个他却开始抱怨这个对他越来越信任的女孩，黏人、计较、无理取闹，于是他走了，留下的城堡就会轰然倒塌。

我接着说一下目前这个故事的结局吧，小柔看起来已经慢慢走出了那段感情，只是整个人都已经与原来完全不同了，以前的小柔是柔弱，现在的小柔是冷漠，她慢慢开始独立、坚强，对男生不冷不热，我问她你还相信爱情吗，她大笑着回我，你相信有鬼吗。后来她又一次发短信告诉我，她还是在期待爱情，期待有一个人可以让她信任，得之我幸，不得我命，她不再强求了。我想这还是一个很好的结局。

说回到王菲的这首《容易受伤的女人》，我想每一个深爱过别人的女生都有会这样的感慨。我曾经看过一段话，让我觉得特别感动，书里说，我多想找一个人，可以免我苦，免我惊，免我四下流离，免我无枝可依。我想这是每一个女生关于爱情最美好的梦想吧，不再害怕伤害，不再担心在深爱的时候对方抽身而退，从此每个夜晚白天，每次晚安每顿早餐都是跟那个人在一起。这就是大多数男生都不理解甚至反感的女生所要的安全感。

在爱情方面我是很敬佩王菲的。先不说她的几段感情的结局怎么样，一个女生能够为每一段感情都付出所有去爱是很难的。在每一次的受伤之后，心门应该越来越紧，越来越不相信还有真爱存在。但王菲却完全不同，在每一次的分手之后，她还是会像第一次爱上一个人时那样热烈，只单单说这样的勇气，也是很多女孩学不到的。从心底里去相信爱情，期待爱情，不因为爱上的人都离开而怀疑自己对于爱情的信念，我想这是每一个无论在爱情里受没有没过伤害的女孩都应该学习的。

我们每个女孩可能都是容易受伤的女人，希望在夜里、在自己孤单寂寞的时候，有人理解，有人陪伴，最终遇到那个人，可以不用每天担心他是不是会出轨，不用苦心使用心机经营爱情不让他离开，也不用为了他的一个表情、一个动作满心猜测，那个人我们会像信任父母一样信任他，放心地把自己交给他，从此心就有了一个家，有了一个可以放松的地方，从此不是孤单一个人。这是多么美好的梦想，但愿每一个女孩，不管遇到了怎样的爱情，都可以拥有这样的梦想，可能在受伤之后，在被他遗弃在一片废墟之中，我们可以在夜里大哭，心里委屈到拧成疙瘩，但在内心深处，却永远不会怀疑爱情本身。

你喜欢不如我喜欢

——我再也不会为谁而快乐

爱你是我的习惯

不管你未来怎么办

不能偿还　不用交换

你喜欢不如我喜欢

你的不满成全我的美满

左等右等你爱我不如我爱你

不为谁带来什么麻烦

我悲伤不等于你悲伤

那么简单　就把这情歌乱弹

你来听　我来唱

这首歌里给我触动最大的一句就是"我悲伤不等于你悲伤"。想想心里就觉得难过，我曾经深深爱过一个人，然后被抛弃，被甩开，夜夜心里痛到揪起来，无法排遣，无法驱散，后来终于走出来，一部分也是因为这首歌给我的安慰和教导，下面是当时难过时写过的日记，现在看来，感触颇多。

今天妈妈过来了，心里难过得要命，越是长大越是不希望在最狼狈的时候遇见自己最亲的人，心里委屈得翻江倒海，却硬生生地咽下去不发出一点愁苦的声音。不知道人生是否就是这样的悲惨循环，父母总是因为你快乐而感到快乐，而长大之后，我们却总是因为其他的人快乐而感到快乐。

今年的炎热酷暑，却是我生命里最冷的寒冬。

这一年，我为了一个人从中国的最南端来到了最北端，这一年，我为了一个人坐了快 40 小时的火车往返于两座城市之间，这一年，我深爱着他却被突然抛弃，这一年，我曾经最幸福，现在却是最痛苦。

爱情对于一个人来说到底意味着什么，我现在也不敢说"我知道"，但是如今的我却是越来越明白为什么神雕侠侣的第一幕就是李莫愁的一句"问世间情为何物，直教人生死相许"。全部的心思都在一个人的身上，生命当中所有美好的事情都与那个人相关，只要在他的周围就感觉幸福，离开他哪怕一天都会觉得心思不宁，这样的疯狂感受我想一生也只能在一个人身上感受到了。只是我是那个比较幸运的人，整个一年完完全全觉得幸福的只有我一个人而已。

现在回想起来这一年的时光，很多时候还是觉得无比幸福，好像这最后悲惨的结局并不是结局，而只是一场我无法醒来的噩梦。

一切都好像还是最美好的时光，我们一起去发现这座城市里所有好吃的地方，每个周末去这座城市每一条没有去过的街道，整座城市到处都是我们的足迹，都是我们在一起时还有后来争吵时所有美好的、痛苦的回忆，不对，现在看来，不能称作为我们的了，这些，全都只是我自己一个人的回忆。

我还记得，你却忘了。

从前看过一段话，大概是说，快乐时两个人在一起就是双倍的快乐，痛苦时两个人在一起就是一半的痛苦。现在我总是在想，这句话里最重要的词是两个人在一起吧，如果不在一起了，两个人的快乐会压得我无法呼吸，两个人痛苦更是让我连逃避都没有力气。我多么痛恨这么懦弱的自己，多么痛恨这么没有出息的自己，但越是痛恨，越没有办法抽离。

白天的时候时间还可以过得快一点，每天的生活被工作填满，努力让自己分不出心思去想，但是每当自己一个人，痛感就铺天盖地而来，蔓延过所有的肌肤，然后深深痛进心脏里。

有时候想想，真是奇怪，为什么明明是两个原本毫不相关的两个人，却一番相识相知之后，就好像变成了一个人似的，他的快乐变成了我的快乐，他的痛苦变成了我的痛苦，只不过是，我丢失了自己的快乐和痛苦，所以，如今，或者是在这相爱的漫漫旅程，他找不到我也无法感受我的快乐和痛苦了，于是，我变成了一个没有知觉的他的影子，也难怪他蓦然转身就找不到我了吧。

在分手后很长的一段时间里，我是充满怨恨的，完全不理解为什么我这样的妥协和爱到尘埃里，却还是唤不回他的真心相待，我没有办法放下，我没有办法成全，我只有怨恨和无边无尽的痛苦和不理解。

后来，我看了一个故事，突然醍醐灌顶。

故事是这样讲的，有一个女人很爱很爱她的老公，每天为他洗衣做饭，照顾得无微不至，整天围着老公打转，后来她总觉得这样的付出唤不回老公对她同样的爱，于是她就很困惑也很痛苦，她就去了魔鬼那里，魔鬼跟她说，如果她愿意拿她的美貌、才华、智慧所有的一切交给魔鬼，那么她老公就会永远爱她了，女人想了想，觉得如果没有老公的爱，那么，美貌、才华、智慧又有什么用呢，于是就答应了。魔鬼说，它可以用魔法将她付出的所有东西做成一桌菜，只要她老公吃下去，从此她就会完完全全得到老公的心了，女人很开心地回到了家里，用魔鬼的方法做了满满一桌子菜，只等着他回家来吃，终于等到他回来之后，他却连菜都没有看一眼就提出了离婚，然后转身离开了家里，女人伤心欲绝，一直向上帝哭诉，为什么我为了他付出了所有，最后却还是唤不回他的爱呢，上帝突然出现，对她叹着气说，傻女人，有谁会爱一个一无所有的人呢。

从那以后，我开始反省自己，是不是我付出的太多，以至于我也变成了一个一无所有的人。那天我自己整理了一遍家里，突然发现我没有好看的衣服，没有化妆品，没有休闲娱乐，整个世界里只有他一个人。我就是那个可怜的一无所有的女人。

想明白这点之后，心情好像就豁然开朗了，我已经不是一个完整的人，爱情对于我来说，也就没有那么重要了，最重要的事恐怕就是如何成为一个完整的人了。我连自己都没有了，还何谈什么爱情和快乐呢？

反正我悲伤不代表你悲伤，倒不如你喜欢不如我喜欢。

此时此刻，我只要我自己快乐。

爱与痛的边缘

——爱过痛过总好过麻木

情像雨点似断难断　愈是去想更是凌乱

我已经不想跟你痴缠　我有我的尊严 不想再受损

无奈我心要辨难辨　道别再等也未如愿

永远在爱与痛的边缘

应该怎么决定挑选

今天天气又变得阴阴沉沉，我是真的很不喜欢这样的天气，好像受了委屈的小媳妇似的，委委屈屈想哭又不敢哭出来。我也是非常不喜欢这样阴阴沉沉的人，生气的时候闷声不语，开心的时候也不能开怀大笑，总觉得这样的人也好，天气也好，总是给你感觉不利索似的，难以对付，难以讨好。

以前听过一个说法，大概是说如果你讨厌什么人，大概你的身上就是有那种特质在的，比如说你很讨厌打断别人谈话的人，那么很有可能你自己就是一个愿意打断别人对话的人，这样听来好像没有什么道理，但是细细想来好像真的也就是这样一回事呢。

所以后来我就常常在想，是不是我就是一个阴阴沉沉不利索的人呢。细细想来，我好像还真的就是这样的人，没有特别喜欢或者特别不喜欢的事情，什么东西好像都是凑合，不如买一样东西吧，总是会觉得买了也好，不买也罢，好像都不会波动到内心似的，也没有特别喜欢的人，也没有特别不喜欢的人，对所有的人都是一个态度，喜欢使用"好像、大概、也许"等类似的词汇，永远都没有一个坚决的态度。

仔细想来，也不知道这种性格是源于哪里，是不是又是某个童年阴影作祟，偷偷摸摸地就影响了自己那么多年，还是在某个阶段，学了某个这样人的言谈举止，从此以后以为这样才是最好的，于是沿袭至今，这些都是不可知的了，只是现在，自己越发讨厌这种性格的时候，在每一次与这种性格抗衡的时候，总会埋怨地想，到底是从什么时候，又是为什么会有这样的性格呢？

以前，喜欢过一个人，其实最初谈不上什么喜欢或者是不喜欢。不知道会不会有人跟我有一样的想法，刚开始并不喜欢一个人，但被身边的人起哄久了，开玩笑久了，就好像真的喜欢上了那个人一样，这两种感觉难以区分，有一次问到了一个学心理学的朋友，他说这就是最简单的心理暗示，嗯，是这样的吧。

回到以前的故事，开头大概就是这样的，我并不喜欢这个人，一点也不喜欢，可是我和他却总是被拿来开玩笑，说得久了，开始的时候特别反感，后来就觉得特别不好意思，再后来好像就真的有点动心了，我想这就是环境的强大作用吧。再后来，我想，我们好像是被所有人逼迫着终于在一起了，大家都开玩笑说这是有情人终成眷属，但我最心底里却是那么一点酸酸苦苦的不情愿，只是那时大家总是在一起，也并没有机会认识更多的人，日子好像也是就那么平平淡淡甜甜蜜蜜地过了下来。

再后来，我和他都渐渐脱离了以前的环境，认识了更多的人，开始在每一个小细节上，觉得对方变得越来越陌生，比如我更喜欢吃辣，但他却最喜欢吃粤菜；我喜欢用瓷的餐具，他却只喜欢玻璃……说起来，这些都是一些特别小的生活细节，但是又那么明显地影响着我们的生活质量，我曾经说过，我不是一个有着快刀斩乱麻性格的人，于是我开始妥协，学会了如何对着他说"还好"。

"这是我最爱的粤菜馆，你尝尝味道怎么样？"

"还好。"

"咱们把这个沙发搬回家好不好，你看，是不是特别有设计感？"

"还好。"

"你看我就说周末应该出来爬山吧，看海有什么意思，你看，风景是不是特别好？"

"还好。"

就在这样一次又一次的"还好"里，我想，如果有一天他问我，咱们已经在一起那么久，你还觉得我很好吗，我也会回答说，"还好"。生活突然就变得没有了味道，我已经不知道自己到底喜欢些什么，不喜欢什么，我只记得他喜欢什么，不喜欢什么，我活在一个"还好"的世界里，每个人问我过得怎么样，我每次都只能回答"还好"。为什么"还好"，为什么不能"很好"，问自己这些问题的频率变得越来越多，我犹犹豫豫着，想要结束这一切。

我还记得，提出分手的那天也是这样不晴不雨的阴沉天气，一切也比我想象中的要平静很多，他沉默了很久，然后说其实他也这样觉得，好像磁铁的两极拼命想要在一起，但彼此都会觉得越来越累，我们就这样相对坐着，坐到灯火照亮城市的街道，然后站起来，说了声再见，却都知道此生怕是也再不会如现在这样相见了，毕竟已经无论合适不适合，彼此都已经侵入了对方的生命，硬生生地剥离开都会是一个痛苦的过程，而痛苦过后，最好就是再也不要相见，从此默默祝对方安好，从此就是另外的人生了。

在跟他分开的一年里，痛苦还是会在每个意想不到的时刻里悄然出现，在每个熟悉的街道、餐厅，都有回忆一遍一遍折磨着自己，很多夜晚里，自己一个人孤独地对着星空，都会想，当初的选择是不是错误的，无论有多么地不合适，两个人也总好过一个人啊，可是，有的时候又会想，那样的生活也的确不是自己想要的生活啊，日子就这样一天一天地过下去，转眼之间，就是一年，也就是今天。

我都忘记有多久没有想到过他了，现在再次回想以前的点点滴滴，都会觉得恍如隔世，好像那是多么久远之前的事情，现在的我，对于阴沉这件事，我想，已经治好了一部分。我现在可以清楚地对着别人说，我喜欢什么，不喜欢什么，我的生命里已经少了很多凑合的事情，会觉得现在的生活无比美好。

我现在学画画，学弹钢琴，一周会去吃喜欢的川菜和湘菜，一个月会出去旅行一次，去的大多是有海的城市，而我也不再是孤单一个人。

旋木

——我只要你快乐

奔驰的木马让你忘了伤

在这一个供应欢笑的天堂

看着他们的美慕眼光

不需放我在心上

《旋木》这首歌的版本有很多种，有歌曲原作者袁惟仁的，也有些歌坛小辈的翻唱。但我对王菲的这首《旋木》尤为欢喜。从配乐上讲，这是现今乐坛为数不多的吉他独奏的曲目，配合上王菲的空灵嗓音产生了一种独特的化学效应。通篇歌曲没有烦冗的和音、多声部，从始至终，简简单单的。犹如曲水流觞一般，自然而然地倾听王菲诉说地她的故事。简单的配乐，简单的嗓音，简单的节奏。无需渲染，无需冗杂，无需波澜。在闲暇的午后听着这样的歌曲，将会带你回到那个无忧无虑的青葱岁月。

简单的歌曲，让我想起了一个简单的爱情故事。

主人公阿豪和阿薇是青梅竹马，两小无猜。一直以来关系都很好，从没吵过架，从没拌过嘴，年长3岁的阿豪一直呵护着阿薇，面面俱到，无微不至。双方的父母也早就当对方的孩子当作了自己的儿媳妇和女婿了。他俩也是心有灵犀般地默认着。

小时候，在他们家的附近有一个公园，那个地方也不大，但在他们那个年纪时，那里简直就是一个人间仙境。小时候的酸甜苦辣都在那里发生过，他们在那嬉笑追逐，哭闹玩耍。最让他们记忆犹新的便是那里面有一个旋转木马。那时候还不像现在游乐里的旋转木马那样绚丽辉煌，小时候公园里的木马是需要人去推动才可以转起来的。

阿豪和阿薇小时候的所有记忆就都存在了小木马的旋转圈里。这里是他们的一个秘密"据点"，无论开心或是不开心，他们就到这里来，阿豪在外面一圈一圈地推着阿薇，阿薇就坐在小木马上又乐又哭的，诉说着自己的喜怒哀乐，或是听着阿豪讲故事，和阿豪一起嬉笑怒骂。阿薇的第一次100分，阿豪的第一次打架；阿薇的第一次年级第一名，阿豪的第一次逃课；阿薇的第一次收到情书，阿豪的第一次数学奥赛冠军……

　　直到考上了大学，两个人先后考上了国家重点大学。背井离乡的他们在外地也依旧亲密无间。随着时间的推移，世事改变了许多。阿豪成了学校学生会的主席，而阿薇则立志好好学习，被本校保荐了研究生。唯一不变的就是每周末他们都出去到他们所在城市的游乐场去玩旋转木马，诉说着这一周的奇闻逸事。在同学的眼中他们宛如一对金童玉女。本来岁月静好，一切都自然而然的发展。阿豪和阿薇都以为这辈子就这么样了。彼此依偎，彼此扶持。那样的日子是有多美好！

　　阿薇研究生毕业刚开始找工作的时候，还算顺利。被一家跨国的外企相中了，被应聘到公司做总经理助理。先进入职场的阿豪则也做到了其公司的部门经理。在阿薇刚进入职场的时候，阿豪帮了她不少忙，如何处理同事的关系，如何处理领导的关系，如何处理客户的关系。阿豪手把手地教会了阿薇好多东西。可是阿薇却感觉阿豪对她的态度越来越冷漠，不像以前那样亲密无间了。阿薇也总是在休息的时候会叫上阿豪去游乐场玩旋转木马，可是阿豪却总是推脱有事不去。这令阿薇百思不得其解。

阿薇开始对她和阿豪的感情产生了怀疑。可是，她又觉得阿豪并不是不爱她。不论阿薇对阿豪有什么样的要求，阿豪都有求必应，有些要求明明是阿薇故意要捉弄阿豪提出的，阿豪也都竭尽全力地去办。但还是有一些变化让阿薇察觉到了。以前不论阿薇做什么错事，他都会一笑而过，再从头教起，但现在阿豪动不动就会因为一些小事训斥阿薇。比如：过马路时不看左右两边的行驶车辆、工作事物没有条理安排、吃剩放在冰箱里超过两天的食物……直到，这些因为阿豪多次强调的事情又被阿薇做错后，阿薇和阿豪大吵了一架。这是他们从小到大以来第一次吵得这么凶的一回。

"有什么大不了的啊，不就吃了碗方便面吗？我中午不着急去准备下午开会的文件吗，时间不够了，吃碗方便面怎么就不行了？"阿薇小脸涨得通红，据理力争道。

　　"我说了多少遍了，方便面里面有防腐剂，不能多吃，而且你从小身体就不好，现在每周还要吃中药调理呢，吃方便面没营养，对身体又不好。你下午的工作没做完，上午为什么不做啊？是不是光顾着上网买东西了。"阿豪这次也不再让着阿薇了，他眼里满是血丝，双目瞪着阿薇。

　　"有什么大不了的嘛，不就吃了一顿方便面嘛，要是真像你说的不能吃，那还生产它干什么啊，方便面厂商都查封算了。"阿薇低头自顾自地嘀咕着。

　　"哎……"阿豪深深地叹了口气，转过头去，眼泪顺着眼角流了下来，缓缓地说，"你要好好照顾你自己，都这么大的人了，不要总给自己找麻烦，你以后要靠自己好好的生活，你懂不懂？"

　　"为什么要靠自己，我还有你啊，你可不能不管我啊。"阿薇也意识到了是自己太任性，惹阿豪不开心。这时，她上前走了两步，从身后抱住了阿豪，紧紧地贴在阿豪的背后，用力地闻着他身上散发的味道。"我以后会听话的，你不要离开我好不好，没有你我可怎么办啊，我不要自己好好生活，我只要你给我幸福生活。"

可世事无常，人有旦夕祸福，月有阴晴圆缺。也不知从哪天开始，阿豪就不再见阿薇的面了，只是有一天阿薇突然收到了阿豪的一个短信，"我们分手吧，好好照顾自己，祝你幸福。阿豪"。

阿薇怎么也没想明白，到底怎么了，难道是因为自己的任性惹恼了阿豪吗？可是，为什么这么决绝要分手啊。阿薇打电话回去，阿豪怎么也不接，只有短信回来，说是用短信吧，我不想听你的声音。

阿薇起初也只是觉得没什么大不了的，自己和阿豪有将近 20 年的感情，这不是说变就变的。可能也就过一阵就好了。可是从阿豪的短信来看，阿薇渐渐明白了阿豪离开的原因了。

阿豪说："我和你在一起太累了，什么事都要照顾你；你需要成长，你是个大姑娘了，要学会照顾自己；我不爱你了，忘了我吧。我有喜欢的人了，我打算和她结婚了，祝你幸福；

我们分手后，把我忘了吧……"

阿薇心想"这只不过是阿豪一时性起，还是在怪我太粗心大意，不听阿豪的话，惹他生气，他只不过是找借口来搪塞我而已，想让我尽快成熟起来。等到我成熟起来以后，阿豪就会回来的。你看，现在他对我的短信还是每条必回的嘛。好，那我就好好努力，尽快让自己成熟起来就好了。"

时光荏苒，一年过去了。在这一年中，阿豪凭借着短信教会了阿薇如何过马路，如何处理同事关系，如何做饭，如何收拾房子，如何照顾自己……就在今年阿薇升职了，由于老板看到了阿薇这一年的变化，又因为她是名牌大学的研究生就升她做了行政部门经理，以后的升职空间还是很大的。当她高兴地把这条消息告诉给阿豪的时候，写道："阿豪，我今天升职了，老板说只要我继续努力，明年升总经理也是可能的，你看，我这一年来什么都答应你了，我又学会了做饭，又学会了收拾屋子，又工作升职。我已经成长了，我真的成熟了，你回来吧，好不好？"可是阿豪就只回了一个笑脸，什么文字都没有。不管阿薇再怎么发短信，阿豪都不再回了。阿薇急了，打电话过去，是关机。这一年中，阿薇无论怎么给他打电话，阿豪是都不会关机的。更是从来没有不回短信的。这回阿薇是真急坏了。

但一想，要是他真的和他女友结婚了呢，那自己算什么？阿薇的脑子很乱，根本搞不清到底阿豪是怎么想的。阿薇觉得烦透了，正好借着升职时休假就回家看看父母。

阿薇回到家后没有提及阿豪的事，陪父母吃过了晚饭便自顾自地出去散步去了。走着走着便走到了小时候的公园了。在里面她看到了小时候玩的那个旋转木马。比起从前，眼前这木马早已"伤痕累累"，阿薇还是想再坐上去玩玩。这时她发现了如此锈迹斑斑的旋转木马上竟有一处很是干净，明显是经常被人骑的效果。就在她坐在上面感慨这几年世事变迁的时候，远处传来了一阵脚步声，阿薇远远望去，看出了是阿豪的母亲徐阿姨。

"阿姨，你还认得我不？我是薇薇啊。"阿薇嬉笑着迎了上去。

徐阿姨先是怔了一下，忽又转念过来，也微笑地答应着："哎呀，是薇薇啊，几年不见，都成了大姑娘了，越来越漂亮是吧。现在追求薇薇的不要太多哦。"

"阿姨，你帮帮我好不好，"阿薇被徐阿姨的几句话说哭了，"我也不知道阿豪怎么了，为什么突然就不见我了，现在连电话也关机了。不信，我拨给您看。"

"奔驰的木马让你忘了伤，在这一个供应欢笑的天堂，看着他们的羡慕眼光，不需放我在心上……"阿薇惊恐地望向了旋转木马那边，徐阿姨也惊慌地望向了那边。

阿薇知道，这首《旋木》是她和阿豪一起设定的互相来电铃声，哪怕这些年过去了，这首铃声也是从来不变的。可是四下望去，那里有人影，空荡荡的矮树林，阿豪是绝对藏不住的。这时，阿薇望向了徐阿姨。颤抖地问道："阿姨，这……这是怎么了？阿豪呢？他藏哪了？为什么不出来见我啊？"她看着徐阿姨的表情，就断定阿豪一定在这附近，于是她也顾不得许多，歇斯底里喊道："阿豪，你给我出来，你躲了我一年多了，有话当面说清楚，你躲着我什么意思啊？你出来啊。"阿薇把压抑在心底多年的怨恨都喊了出来。这时的徐妈妈早已经泣不成声了。

"孩子，你别怪他，你千万别怪他，他迫不得已呀，既然天意如此安排，我带你去见他好了。"说着，徐妈妈带阿薇走到了旋转木马的旁边，在一棵树下挖开了一个洞，里面有个铁盒子。徐妈妈将盒子交给了阿薇："这是他的遗愿，要将你们的记忆都埋在这旋转木马下，说这有你们所有的回忆。里面的这个手机也是他特意嘱咐等他走的时候也一起埋在这，说这里面有他这一辈子对你所有的牵挂和不舍。我怕他在下面看不到手机里的东西，就把手机又给开机了。哎，能看一天就看一天吧。"说着，徐妈妈抹了抹眼泪，继续说道："一年前他突然回到家，不由分说地把自己关在屋里一个星期，谁叫开门也不开啊，后来得知是阿豪得了喉癌，已到了晚期，癌细胞已经扩散了，大夫说最多也就半年的命。可是他说自己还有些事情没办完，还不能走，就这样天天硬撑着。从治疗开始阿豪就不能说话了，和我们之间也就只能比画着。到后来身体越来越虚弱，但也要每天都来这公园坐坐。几次我和他爸都换着他来，看着他做化疗那么辛苦，我们不舍得啊，可是他却说能，只要能坐坐这旋转木马他就很开心了。看着他欣慰的笑，我们也就不再违拗他的意思了……"

阿薇的脑子轰隆一声震天响，接下来的话，一句也没听进去。阿薇就这样傻傻地捧着盒子，任凭眼泪不住地流着，嗓子却一点声音也发不出来。看着盒子里面他们第一次去上学的火车票，第一次看电影的电影票，第一次她给他送的铅笔……

里面还有一封写着要阿薇收的信，阿薇将它打开，上面写道：

薇薇：

本来这信想交给你的，想对你说明白一切，并不是你不好，而是我不能再照顾你了。可是，看到你生活的越来越好也就不想再打扰你了，所以，就写给自己，算是个慰藉吧。

去年早些时候我查出了喉癌晚期，我便知道自己已经不能再照顾你了。我当时心里很难受，不想离开你，因为我知道，这世上只有我可以照顾好你，只有我可以当你的出气筒，只有我可以陪你分享喜怒哀乐……可是现在不能了。看到你还是做不好一些小事，我就很着急，所以起初跟你发了那么多的火，在这里也只能祈求你能理解我了。原谅我撒谎说我新交了女朋友了，嘿嘿，我怎么会再爱上别人呢，我的心早就被你拿走了。这么说也只是把这场戏做得更真实点罢了。原谅我这一年来都不能和你说话，都怪我不争气，希望我的短信能解决你所有的问题。

前几天你说你升职了，看到你这一年的变化我真的很高兴，我就知道你能行，因为你是阿薇啊，你是无往不胜的阿薇嘛！我真的替你的成长开心，你长大了，我也就该走了。这一年虽然我承受着身体的痛苦，但一看到你傻傻的短信我就会开心地笑，所有的疼痛也就不在乎了，我是多想再看一眼你笑啊。现在想想你的笑，真的好美啊！

我累了，不写了，就这些吧，反正也没人看，也只不过是望梅止渴罢了。阿薇，我爱你，希望你以后找到自己的幸福，记住，别再来找我，忘记我吧，要是想我的时候可以去坐坐旋转木马，我还会替你转啊，转的……

豪

此时的阿薇早已泣不成声，瘫在了树旁边。这时阿薇想起了阿豪的话，说是想他的时候就去坐坐木马，她挣扎着爬上了木马，心想："我不能哭，阿豪做了这么多，就是希望我可以开开心心地生活，我不能叫他担心，我要开心地陪他一起玩旋转木马。"阿薇一边想着，一边笑着，一边哭着。她哼着《旋木》，就这样转啊，转啊，转啊……

流年

——因为你我才懂得爱情

你在我旁边　只打了个照面

五月的晴天　闪了电

有生之年　狭路相逢　终不能幸免

手心忽然长出纠缠的曲线

懂事之前　情动以后　长不过一天

留不住　算不出　流年

在我十五六岁的时候，曾经非常喜欢这首歌的歌词，甚至抄写在了日记本上，用来描写对一个男生的暗恋。现在想来，那个时候是不明白这首歌词的真正含义的，只是觉得写得优美极了，就像一首词，欲说还休地描写着女子情窦初开的小小心思。

好像每个女孩总会喜欢上一个坏小子，他或是调皮捣蛋，或是叛逆张扬，但偏偏就是被这样的男孩吸引，慢慢开始了解爱情。不管两个人最终有没有在一起，那段感情都像挂在树上的青杏，涩到眼睛都眯缝起来却还是不肯忘记。

我也曾经喜欢过这样一个坏小子，那时的喜欢真的如歌里写到的，你不过在我旁边打了个照面，我心里却如闪电击中，周围的景色声音全部虚化，徒留一个彩色的你。直到今天，我仍然牢牢记着那天，下了晚自习的夏夜，路上已经没有汽车，只有学生们的嬉笑打闹和昏黄的路灯，我出了校门，就看到了你，你骑着红色的山地车，回头四下张望，长长的头发，黑色的 T 恤，深色的牛仔裤，我在心里花痴，怎么会有这样好看的男生，那么远我都能够看到你睫毛的阴影，长得都能遮住你的眼睛，忽然你笑了起来，露出小小的酒窝，就是那样的一瞬间，周围的声音突然消失，景色越发昏暗，我好像忘记了所有，只能看到你，就在那样的一瞬间，我陷入了一个人的爱情。

从那天开始，我开始偷偷关注这个男生，不知道是不是每个小女孩都曾经这样卑微地暗恋过一个人。每次课间，我都会去外边走，希望可以碰到他；在每一次的课间操，都会偷偷四处张望，希望可以看到他的身影；找出各种各样的理由去他的班级，借书也好，问问题也罢，都不敢直接跟他说话，只是期盼在他的视线里逗留得久一点。我做过好多现在看来甜蜜又酸涩的小傻事，我记得有一次，在晚自习之前，竟然在校外碰到了他，明明自己想要回教室的，却鬼使神差跟着他拐进了商店，一直偷偷盯着他买什么，在他出门之后悄悄跟在他身后，费劲心思想怎么样才能成就一次"偶遇"。说来也是巧得很，不知为何他突然回头，就看到了跟在他身后看上去若无其事的我。

"哎，你也出来买东西啊?"他微微笑着。

我不知道会不会有人跟我一样，脑子虽然在飞快转动但好像身体都不听使唤了一样，嘴里千百万个句子在打转儿、却像游戏厅里的娃娃一样，怎么也转不到一个。

看到我沉默，他好像也很尴尬，于是两个人一起沉默地走着。我听到自己的心跳扑通扑通，脑子里飞快地转啊转，想着这条路能不能走得慢一点，再慢一点。于是，在脑子短路的情况下，出现我极其丢人的第一次搭讪男生的开场白。

"我有两块大白兔奶糖，你吃吗?"

"……"

好在用现在的话来说，他是一位暖男，他明显愣了一下，才回答说好啊。于是我从口袋里拿出一路捏在手里、都有点软了的两块大白兔奶糖塞到了他手里。塞给他的时候手指相触，不过几秒的时间却感觉时间恍如停止，只剩下我的心脏一跳一跳恨不得跳到他的手心里，给他看我躲在黑暗里的青涩爱慕。我深深地记得那个时刻，脸红得能滴出血的少女低着头，面前站着一位清秀的不知所措的少年，那样的一刻就是爱情最早开始的时刻吧。

大多数的初恋都不会有一个圆满的结果，我的当然也不会例外，只是从那个时候起，对于爱情的憧憬和幻想可以不受控制地发芽成长，成了心里不可忽略的一座城堡，从那个时候起，我开始栽花种树，打扫房屋，只期待那个王子早早来到我的城堡，爱上我并永远不会离开。

很多歌曲都是听来听去每次都听出了不同的感受，人生也是在一点点的回顾中逐渐做了过去的旁观者，就像盲人摸象，在离过去越来越远的时候慢慢看清了事情的全貌。与那个男孩之间的丝丝情愫，现在回顾看来，就像歌里写的，有生之年/ 狭路相逢/ 终不能幸免/ 手心忽然长出纠缠的曲线/ 懂事之前/ 情动以后/ 长不过一天/ 留不住/ 算不出/ 流年。离那一年，一转身就是数载，春夏秋冬，日月轮换，对于爱情的感悟也与当然截然不同，只不过如果追溯从什么时候起，手心纠纠缠缠对于爱情幻想，我想应该就是那个傍晚，我与他手指相碰的一瞬间。

第五辑

/

无关其他，
我只爱自说自话

/

不是所有的事情都需要有道理，
不是所有的话都需要有人听。
我只想写下关于自己对于世界的想法，
留给未来可能痴呆的自己，
提醒以前还有思想的自己都在想些什么，
就好像重新了解好多年前的自己，好笑也罢，感慨也罢，
这是我自己一个人的日记。
我只记录我自己，不代表他人想法，
希望换你一杯茶的时间听我絮絮叨叨，
如不喜欢，出门右转，另有天地。

英雄

——在很久或者不久以前，人们在传诵

我们等了一个又一个英雄

看谁在最后成功

染红了谁天空

成全了谁的梦

只是为了叫千万人鞠躬

2002 年底，张艺谋拍出了第一部真正意义上的国产武侠商业片《英雄》，获得了 2.5 亿元的票房，取得了巨大的成功。宏大的叙事和雄伟的场面，奠定了张艺谋的雄浑大气的影片风格。

投资几千万人民币打造的电影场景，所使用的一流精良的摄影制作，一下刷新了国人对国产商业片的认识，挽回了自电视普及以来低迷的电影市场，让更多的观众重新走进了电影院。这部电影无论是场面调度、演员表演、摄影拍摄、音乐配合都可以说是代表了当时国产电影的最高水准。而王菲为其献唱的同名主题曲，也可以代表了当时流行音乐的水平。

这一首《英雄》是王菲的老搭档张亚东作曲、林夕作词的歌曲，延续了王菲一贯擅长的调调，淡漠又悠长的唱腔，幽幽地诉说着关于英雄的故事。王菲的声音虽高，却不是欧美式的有力唱法，也不是柔情似水的唱法，更是和甜美沾不上边，她用的是一种四两拨千斤的力道，倔强而柔韧。这样的女人是最神秘的，她要的不多，因为她自己能够满足自己很多方面的需求，而她所需要的，往往是特别的，只有足够懂的人才能抓住她的心。她不是一般的女子，她的歌都带着她独特的气质，盖上了王菲的印鉴。

这样有个性的人，不管是在什么年代，注定都只是人群中的少数，是异数。

当她歌唱的时候，好像有一种魔力，能够将故事背后那些

160

苦笑与自嘲演绎得淋漓尽致。也许是因为她特别能理解他人吧，王菲好像有一种一眼看穿别人苦楚的能力，她不会像那种普通的善良人一般给予安慰，而是用音乐替别人唱出心声。就像《英雄》这首歌，唱尽了那些渴望拯救国家的侠士心中所想。

自古以来，华夏大地上从来不缺侠客。每一个正义的人心中都有一个行侠仗义的梦想。劫富济贫，锄强扶弱，除暴安良，打抱不平。也许是因为这片土地上有太多的不平之事，也许是因为这片土地上有太多渴望替天行道的人。从司马迁所著的《史记》开始，就不断有人为侠客立传。武侠小说始终是中国人在成长路上的一个不可或缺的部分，可见，国人心中对"侠"始终怀有一种特殊的情怀。

侠之大者，为国为民。

好像若是要做大侠就以天下为己任，每一个侠客都说自己要替天行道，却没有人说得清到底什么才是所谓的天道。这些侠客之中有多少人是秉承一颗赤子之心，又有多少人是被有心人所利用，还有多少心怀鬼胎的人混杂其中。在成为英雄的路上，又会遇到多少考验，人心又会产生怎样的变化？有多少人在成为绝世高手的路上走火入魔？有多少人在功成名就之后丧尽天良？在武侠故事里，幸运都偏爱心地纯良之人，虚竹心无杂念，却幸运地得到了逍遥派诸位高手的毕生绝学，鸠摩智一心想要称霸武林，却气血逆流。冥冥之中有着江湖的规矩。

可江湖到底在哪儿？现代汉语词典里的解释是四方各地，流行的说法是有人的地方就有江湖，不可否认的是，比起宫闱，江湖这个词更适用于民间。在两国军队对垒之中，江湖力量就显得格外无力。按理说，江湖人士各个身怀绝技，战斗力应该更强。可惜江湖人心不齐，各人有各人的心思，各人有各人的道理，谁也说服不了谁。谁都忘记了宽容，只想着自己的英勇。

江湖儿女大都真性情，只是江湖更像是一个让侠客们实现他们对自己的期待的地方。天真的侠客们关心的是他们想要关心的，做的是他们认为对的事。可是世上哪儿有那么绝对的事呢？所谓正义，所谓天道，只是在理想中才能实现的吧。

秦始皇到底算不算英雄？按照历史的发展来看，他统一六国，结束了诸侯割据的局面，形成了一个中央集权的强有力的帝国，让中国的发展更为昌盛。可秦皇却又是个暴戾恣睢的君王，用卑鄙的手段完成他合纵连横的计谋，将天下诸侯各国一点点蚕食鲸吞，不可谓不招人记恨。可是被更多人称为英雄的却是荆轲。刺秦的人那么多，荆轲是离成功最近的。假如荆轲真的刺死了秦王，是否就真的为天下老百姓谋得了正义呢？

也许是因为老百姓的生活太艰难，只好寄希望于英雄的拯救。而英雄也需要一个成名的机会，得到百姓的爱戴。陶醉在英雄的传说里，将自己感动得无以复加。

说到底，每个人只为自己效忠。有人想得到显赫的名声，便为此牺牲。有着长远目光的人不多，有着宽广胸襟的人更少。帝王将相，在朝堂之上，承担着天下苍生的责任，获得权力的快感。

不留

——情愿什么也不留下

如果我还有哀伤　让风吹散它

如果我还有快乐　也许吧

　　王菲是个很有才华的人。她是一个天生的歌者，也是一个富有经验的音乐人。王菲的每一张专辑都见证了她的蜕变。《将爱》这张创作专辑对于王菲来讲或许有一个转折性的意义，她达到了事业的巅峰，她的音乐风格至此定型，从此的王菲是独一无二的，再难超越。

在《将爱》这张专辑里，她自己写了很多歌，作词作曲都显示出了极高的天赋和刻苦用功。音乐可以说是对人类心灵的救赎，有人用音乐纾解自己的情绪，有人用音乐与自己对话，有人用音乐去挖掘心中更深层次的东西。曲调、歌词、唱腔、编曲，都是音乐里不可或缺的部分，现代的音乐工业将这一切都变成流水线，而一首歌最有发言权的或许并不是歌手。而当一首歌是自己写的词曲，并且是自己演唱的，或许这一首歌才算真正属于他们自己。

《不留》这首歌，歌词很特别，整首歌以一种碎碎念的方式来讲述这个故事。加上王菲自己的声音也经过处理，呈现出一种电子音乐的前卫感，声音里透露出的那一种绝望，和歌词题目相呼应，好像将自己掏空，什么都不留，爱到精疲力尽，爱到元气耗尽，爱到空虚，爱到衰竭。

歌词里讲述的好像是一个三人行的故事，我和你，我和他之间都有着说不清的纠葛。烟花与节日、烛光与晚餐、歌曲与麦克风、电影票与座位……这些紧密相连的东西，都被一分为二，分别给了两个人，这样的举动看似荒唐，却又是无奈之举。大概人都有红玫瑰与白玫瑰的梦想，有了红玫瑰，它就变成了墙上的一抹蚊子血，而白玫瑰还是"床前明月光"。有了白玫瑰，它就成了衣襟上的白饭粒，而红玫瑰还是胸口上的朱砂痣。对于女孩子来讲，就是和有趣的男人谈恋爱，找靠谱儿的男人结婚。也许是因为身体和灵魂，总是无法得到统一。那种灵肉相通的情爱，也不一定能够经受住物质生活的考验。人类变得越来越自私，相濡以沫的爱情越来越成为一个传说。难怪现代人都犯有安全感的毛病，因为连自己都随时在做着撤退的准备。

生命里温柔浪漫的烛光，和能够吃饱肚子的晚餐可以构成矛盾。耀眼灿烂的烟火，和需要礼物的节日可以构成矛盾。有情饮水饱的风情与柴米油盐酱醋茶的生活也是难以调和的矛盾。人生诸多的不如意总是弄得人心灰意冷，不知道是因为想要的东西太多，还是因为世上两全其美的事太少。

如今的社会已经太过现实，要爱情不要面包的人已经快要绝种，大家都在激烈的竞争环境下谋生活。婚姻与爱情都不能随性而来，而要务必发挥其最大价值。"性价比"成为女人们最常挂在嘴边的词。

这首歌里的故事，我们不知道"我"为什么不和"你"在一起，也许是因为不愿意，也许是因为别的压力，也许是因为不太好的时机，也许是因为先遇见了"他"……这些我们通通不得而知。但是我们可以清楚地得到一个信息，那就是"我"并不快乐。

女人是一种奇怪的生物，科学研究表明，如果像男人那样清楚地将身体和心灵分开，大部分女人都做不到。因此，女人无法像男人一样享受一些不负责任的游戏。

快乐有时候比想象中的要困难，有时又比想象中的要简单。真正让人痛苦的是纠结在不同的选择之间。那种心力的耗费，是极其累人的。周旋于不同的人之间，要扮演不同的角色，这种生活虽然很刺激，却不是长久之计。人都是渴望安定而规律的生活，身体与心灵都需要一个有足够安全感的环境。冒险的生活不是人人都适合。

"如果我还有悲伤，让风吹散它。如果我还有快乐，也许吧。"

歌曲的末尾就像一个轮回，虽然还会有悲伤，虽然还是不快乐，却还是无法摆脱这样的困境。

夜会

——走完同一条街，回到两个世界

原谅你　和你的无名指

你让我相信　还真有感情这回事

啊　怀念都太奢侈

只好羡慕谁年少无知

很久之前还没听过《夜会》这首歌，就听过那一句"走完同一条街，回到两个世界"。慕名去听了这首歌，王菲的歌声里透着一股子悲哀的绝望。一首告别旧爱的歌曲，充斥着复杂的感情，有无奈，有故作坚强，有原谅，也有无法释然。因为真的爱过，所以才放不下，可人生总要继续，只好狼狈地收拾自己的心情，继续向前。

夜会，这个名字就透露着一丝暧昧的气息，有什么样的情人只能在晚上相见，借着夜色，掩饰那些呼之欲出的心事？陌生戒指，背后一定有一个关于婚姻的故事，只是新郎是你，新娘却不是夜间相会的那个人。夜色美丽，她是一朵夜间开放的玫瑰，带着她的骄傲，留下一抹夜色之下的艳红。

女人这种动物，总是不能停止去爱。有时候明明知道是危险的爱，却无法控制自己。怀着年少无知的勇气，不计回报地付出。带着绝望的爱意，书写凄美的故事。就好像一场感冒，人总是避免不了要感冒几次，只是时间久了，也就自然痊愈了。

有的爱情目的是陪伴，有的爱情目的是结婚，有的爱情的目的是更好地生活。一旦涉及长远的生活，爱情不再只是单纯的爱与不爱。如果两个人注定无法在一起，那这样的爱还要不要继续呢？

原本是无法平行的两条生命线，在某一个时刻有了交集。

因为是巧合，却更显得难能可贵。既然喜悦是因为巧合，那么又何必固执呢？不属于自己的终究不属于，太过较真就会连那一份回忆也蒙尘。

女人真的是感性动物，很多事都说不清为什么，也许只是因为在会议上多看了一眼迟到的他，从此无法自拔。心里眼里只有这个人，爱的种子在心中慢慢发芽。只是灰姑娘的故事终究是个童话，现代都市里，做梦的时间都少得可怜。

那怎么办？就这样放弃吧，找一个世界里的人恋爱，做一对为柴米油盐烦恼的平凡夫妇。只是感受过了这样强烈的吸引，又怎么能甘心委身于凡夫俗子？

佛家所言人生诸多苦事，生老病死，爱别离，求不得。与其在深夜暗自苦楚，不如把握现在，哪怕是露水情缘，也比眼巴巴地看着要好呀。在爱的人生命中留下一点痕迹，哪怕只是个过客，也是值得的。

女人总是这样傻，往往是情不知所起，一往而深，无法自拔。她终于鼓起勇气和他联系，为他的每一次回复感到欣喜。然后在某个打雷的夜晚，将罪过都推给酒精，辗转缠绵，贪婪地享受他的温暖。

夜幕下的情人，在霓虹灯闪烁的光芒下，相依为命。将每一次夜会当作世界末日来临前的最后一次，用尽全身力气，去记住每一次难得的相处。那种心情，就像和偶像谈恋爱的小粉丝，本来的遥不可及突然成为近在咫尺，走入了他的光环。明明知道这种停留是有限的，却努力想要延长这样的幻觉，于是不计回报地付出，不厌其烦地包容，用尽力气配合他，笨拙地爱着。看着让人鼻酸。不平衡的爱情很辛苦，不安分的心注定要多受一些苦。

　　这样绝望而无法自拔的心情被阿菲唱得如同苦艾酒，苦涩又甘醇。爱情就像那些琳琅满目的酒一样，有的甜美，有的辛辣，有的醇厚，有的清爽……不管哪一种口味的酒，都能带给人晕乎又飘然的感受，胆子变大，人变得自信，情绪也变得容易激动。难怪《东邪西毒》里的欧阳锋愿意沉醉在"醉生梦死"之中，享受那种夹杂痛楚的美好，比面对现实之中的遗憾要简单得多。这种憋在心中无法排解的苦闷，被阿菲慵懒地唱出，又好想吸一支淡淡的凉烟，吐出一个烟圈就好像吐出了无数的心事。烟酒都有着让人放松的功力，可又有着致瘾性和致病性，用它们排遣寂寞，无异于饮鸩止渴，放松都是暂时的，所不愿意去面对的事还是在那里，越想要逃避，就越是清晰。用危险的男女关系来逃避现实，也是如此。

有人说，夜色带给人一种暧昧的气质。地球公转自转，白天黑夜轮回，乐于活在阳光之下的人都是活得十分清楚的人，他们知道自己要什么，知道自己的能力在何处，安分守己，日子过得平淡满足。只是世上总是有不甘心的人，不甘心让人满怀野心，也让人饱受折磨。尤其是在求爱的路上不甘心，往往会错过本该可以把握的幸福。

爱情是什么？爱情让人痴狂，让人迷醉，让人无法自拔。可爱情终究是一种正面的能量，它带给人积极的快乐，带给人幸福的感觉。也许爱会相互折磨，也许爱会痛彻心扉，但无法停止爱的脚步。爱到失去力气就放手，然后重新上路，真正的爱情，只要想到那个人就有前进的力量，这样就足够了。

羡慕年少无知的人，因为他们具有不怕受伤害的勇气。

做拿得起放得下的人，既然无法重新认识，那么就放你去过属于你的生活。

转过这个街角，就不再提起从前的往事。

心经

——色即是空，空即是色

依般若波罗蜜多故

心无挂碍

无挂碍故

无有恐怖

　　王菲是个佛教徒，这一点她从不忌讳。不仅如此，她还做了许多传扬佛教的事，抄了许多佛经送给粉丝，也唱了一些佛教歌曲。这一首《心经》，就是和张智霖合唱的一首佛经歌曲，佛教经典经文《般若波罗蜜多心经》，歌词带有古汉语和梵语的一些晦涩，而两位吟唱的歌手，张智霖的声音带着释怀，王菲的声音带着微笑。男女声交织，让人心里平静。

王菲就像一朵漂浮的浮萍，生活于她，总是颠沛流离的时候多。她是华语流行的天后，但她的歌每一首都是唱的她的心事，用心歌唱，用力感受，大悲大喜，耗尽心神。王菲是燃烧自己来歌唱，她具有极强的感受力，她的心就像一个一池秋水，每一首歌灌注进去，都能引起一番波澜，演绎出美丽的涟漪。这样敏感的人，总是会比别人更受心情的影响。因为太容易感同身受，所以常常会胡思乱想，精神也容易紧张。

我想她也在努力寻找一个让心灵平静的方法，这个方法也许是恋爱，也许是歌唱，也许是吃素，也许是信佛。

只是需要有一个坚定的声音告诉你，不要担心，你若行善，必得庇佑。

那些古奥的经文里蕴藏着一些发人深省的哲理。剥除其中宗教的因素，其中的智慧也不可估量。

第一次听这首歌，还是在中学寒窗苦读时，深夜时开着台灯写那些永远做不完的作业，心情始终处于一种焦躁的情绪之中。浮躁的气氛感染着空气里的每一粒灰尘，考试的压力简直让人内分泌失调。只好随意搜一些佛教音乐调和自己的心情，于是就遇见了这一首《心经》。宽容而温柔的声音，听不太懂的粤语，好像有人在说，"没关系"。

于是去网上搜了歌词，全是拗口的经文。里面有一句"色即是空，空即是色"十分耳熟，只是此刻好像又与从前从喜剧片里看到的有些不同。又急忙去找翻译，看着这些深奥的句子，好像醍醐灌顶，其实又似懂不懂。只记得网友说的，紧张的时候背诵心经可以缓解紧张，让我深信不疑。费了好大工夫将这些佶屈聱牙的句子记下，从此每一次考试前都默默背诵。每次在考场前，都能看到一个小女孩一边走来走去一边口中念念有词。现在想起，实在是很好笑的画面呢。只是每次考试，好像还是会紧张。年少时的我对自己没有自信，将考试看得太重要了，始终不能体会《心经》所言的"色即是空，空即是色"的意思，自然也达不到"无有恐怖"的境界。

年少时的我总是思虑过多，为考试赋予了好多附加值，然后为此焦虑不安，甚至产生了厌学情绪。如果考不上好学校，就会找不到好工作，最后只好悲惨地过日子。现如今想想，当时的我也真是单纯得可爱。这些压力在一次考数学前爆发了，那一天，我怎么也不肯去上学，又哭又闹，妈妈毫无办法，只好特意请了一天假，带我去山上的植物园散心。

那是春天，植物园里盛开的蜡梅散发着浓郁的香气，樱花刚刚绽放，只要一阵风刮过，就会飘起一片樱花雨。大自然纾解了我心中的郁闷，妈妈的陪伴让我觉得很心安。走在初春的暖风里，好像我的烦恼都变得有些微不足道。是啊，人的一生与自然的伟大相比实在是有些不值一提。生命的广阔岂止是一两场考试可以概括的呢？

也许，人的烦恼来源于我们想要的太多，而得到的太少。有人说，幸福=欲望/能力。当你的欲望小于你的能力的时候，你就会觉得安宁。还有什么比内心安宁而充满希望更令人觉得舒适的呢？那一种情况下，无论生活有再多的苦难，也会觉得不算什么。

从小外婆就说，困难像弹簧，你弱它就强。如果你满怀信心，那么就能举重若轻，旁人眼中难以克服的难事，都可以得到好的结果，并且会成为你的人生财富。倘若恐惧害怕，那么不怎么严重的问题都会变得难以克服。

只可惜当时并没有这样的觉悟，也参不破"色不异空，空不异色"的道理。否则又怎么会被那些看似无法逾越的阴影蒙住了双眼呢？

也许成长就是一点点了解这个世界吧。那些杞人忧天的过去，现在想起来好像冒着傻气，那些无法预知的未来好像是世界上最恐怖的怪兽，一点点吞噬自己的勇气。那种恐慌好像是悬在头顶的剑，其实全部都来自于没有自信。事实上，我并没有自己想象的那么无能，生活也没有想象的那么困难。因为把自己放得太低，所以看什么都觉得高不可攀。随着年龄的增长，见识到了更为广阔的世界，才意识到当初自己是那样的妄自菲薄。

人若要幸福，须得要有清晰的自我定位。总有人说，只有知道自己要什么的人才会活得满足。而要想知道自己想要什么，需要先了解自己。了解自己，面对自己，接纳自己，才不至于活得稀里糊涂，事后却一味后悔。我想我最怕的就是未来的自己会对现在的自己后悔。

按照佛经的说法，世事皆是虚妄。只有识破那一层色相，看到了色背后的空，才能拿得起、放得下，才算真正地豁达。也只有到了看破表面的时候，才会知道世上并没有什么可怕的事情。

　　王菲唱过两次《心经》，一个粤语版，一个国语版。不知道她是否达到了歌中所唱"心无挂碍，无挂碍故，无有恐怖"的境界呢？

水调歌头

——但愿人长久

不应有恨　何事长向别时圆

人有悲欢离合　月有阴晴圆缺　此事古难全

但愿人长久，千里共婵娟。

　　词原本是古时的歌词，将长短不一的句子，组合成有节律的样式，在放入谱好的曲子中传唱。可惜历经岁月沧桑，那些曲调没能保留下来，只有这些文字还散发出阵阵沉香。

　　华语流行音乐，一向借鉴西方音乐的多。用白话文作词配上西洋音乐的样式，唱出现代人的生活与情感。现代社会虽然已趋向全球化，但民族与传统的东西却历久弥新。中华上下五千的年的历史与华夏 56 个多彩多姿的民族，始终是华语音乐中最宝贵的养料。

王菲所唱的这一首《水调歌头》就是用了东坡的词，谱以悠扬的现代曲调，优美动人，传唱度极高。王菲的嗓子非常适合唱这样古风的歌曲，她的气质里就有一种空灵，如一道清风，分波拂柳而来。

明月几时有，把酒问青天。

苏轼是一个妙人，有趣、豪迈而又深情。他的一生起起落落，无数风波，因言辞文章而被启用，又因乌台诗案而被流放，足迹遍布中华大地，佳作散布天涯海角。这一首写于中秋之夜的怀人之作，可谓是他的代表作。带着几分豁达与几分无奈，苏轼在《水调歌头》里写尽他对人生的感悟。他向往天上人间，又唯恐高处不胜寒。只好安慰自己，何事长向别时圆？他这一生，最远流放到穷苦偏僻的海南，最苦时只好食老鼠肉，却总能够苦中作乐，还能力劝众人"人有悲欢离合，月有阴晴圆缺"，实在是难得的乐观豁达。

我认识的人里，有一位阿姨特别喜爱这一首《水调歌头》。

他们那个年代的人，好像很难欣赏流行的那些东西，身上始终充满了一种怀旧的感情。阿姨唱歌很好听，抒情优美，非常甜美，颇有些邓丽君的味道。有一次偶然听阿姨唱这首歌，好像与王菲唱的又有所不同，歌声之中仿佛咀嚼到着一丝苦涩。尤其是唱到末尾，"但愿人长久，千里共婵娟"之时，仿佛感觉到了一丝淡淡的心酸。

人生在世，总是诸多苦楚。这位阿姨是个很能干的女人，原本只是个初中文化的人，在政府机关当临时工，做些杂事。但是她吃苦耐劳，又颇为努力，因此单位的领导觉得她是个可塑之材，总是交给她一些额外的任务，她也不以为意，私底下用功完成。后来别的单位财务处缺人，就将她调了过来，她的工作不再只是做杂事，她成了一个会计。这样一个能干的阿姨，却始终摸不到幸福。

大概生活总是这样无情，托尔斯泰在《安娜·卡列尼娜》中写道："幸福的人总是相似的，不幸的人却各有各的不幸。"阿姨从前的丈夫是个在区县做生意的商人，两人共同养着一个儿子，虽然不在一起生活，可是日子还算不错。可是丈夫的生意越做越好，阿姨只是个临时工，加上距离的阻隔，两人越来越少共同语言，丈夫在外有了情人，于是就和阿姨离了婚。

阿姨是个坚强的人，独自带着儿子在城里生活。只是阿姨工资有限，抚养儿子显得格外艰难，有时让儿子去向父亲要抚养费，不懂事的儿子还冲着她说："你是吃不起饭了吗，要向他去要钱？"我有时也不免替阿姨感到不平，可阿姨却像个没事人一样默默承担起儿子的误解和生活的重担。

大约有时候天道就是不公的吧。有的人对别人越好，却越是会受到伤害。阿姨忍辱负重，事业上逐渐打开了局面，在城里买了房子，还投资了店面，终于有一些余力去开始新的生活。也有了人追求她。阿姨开始和一个同样是离异的司机过日子。好像生活终于有了些盼头，却发现这些都是命运的骗局。

司机带着他的儿子住进了阿姨家，组成了一个复杂的家庭。想必阿姨是觉得离异过的人再婚，大多只是求个搭伴过日子的人罢了，她对现在这个男人要求也不高。可是司机却并不是个好的过日子的人。阿姨是个勤快惯的人，在家洗衣服做饭，对家人尽心竭力，十分贤惠。而那司机却是个浪荡惯了的人，喜欢拈花惹草，惹是生非，对阿姨虽好，却积习难改。每每惹了阿姨生气，司机就会苦苦哀求，痛下决心，甚至在雨夜去她的楼下苦等。可往往在和好不久后，又旧病复发。

不计成本对别人好的人总是格外心软。也许正是这样的心软才造就了他们的悲剧。阿姨的人生本就不顺利，有好几次想要离开司机，却又想到生活的不易，不肯放开现有的那一点点温暖，于是甘心忍受。

可是这样的自欺欺人又能到几时呢？

司机中秋节的时候带着自家的父母兄弟，开车去游玩了好几天，留下阿姨孤儿寡母在家。阿姨说："你从来没带我们出门玩过，什么时候我们也出去玩吧？"这个男人却极不耐烦，他不愿意载这母子俩出游。

这不免令人唏嘘，这个男人当真是自私得很，无论阿姨对他有多好，他却始终觉得她是外人。而阿姨纵然失望，却也还是体谅他。真是替阿姨心寒。不知道在月圆之时，阿姨是不是心里苦楚，无心睡眠呢？

也许只是对着圆满的月亮，轻轻哼唱这一首《水调歌头》，聊以慰藉吧。

不应有恨，何事长向别时圆。

用这样的话来安慰自己，不知道是不是一种欺骗？有的人总是这样，他们求不得的事，总是希望别人能好些，不要像自己一样。

只是人若不为自己考虑，怕是就要迷失自我了。

但愿人长久，千里共婵娟。

无论生活多么不幸，幸好我们还有音乐。希望王菲略带悲凉之意的歌声能纾解一些世人心中的无奈。

乘客

——坐你开的车，听你听的歌

So I'm going home

Going home alone

And your life goes on

王菲翻唱过很多人的歌，这一首《乘客》翻唱自北欧的唱作才女 Sophie Zelmani 一首忧郁又温柔的作品《Going Home》。原曲是一首乡村风格的歌曲，以吉他为主旋律，加入了萨克斯等乐器，清新自然又略带忧郁伤感。而王菲将这首歌重新编了曲，放弃了原本乡村音乐的风格，另外加入了许多电子音乐的元素，将这首歌变得更为魔幻和空灵，配合上歌词之中"高架桥，蓝天灰蓝色"等描述，有一种后现代都市之中迷失自己的感受。

两个萍水相逢的人，一段不长的旅程。我只是你生命中一个偶遇的乘客，只是在同乘的短短时光里，享受到了你的温柔。这一种情绪，就好像是一个孤独的星球，原本以为在浩瀚的银河之中，将要兀自闪耀，没有人观察，也没有人欣赏，直到变为虚空。然而，在某一瞬间，忽然遇到了一个注视的目光，那一刻心中复杂的欣喜、感动与悲伤交织，世界忽然亮了一下，但是你知道，世界终究将恢复黑暗。

坐你开的车，听你听的歌，我不是不快乐。

只是快乐之后，我终究还是要独自归家，独自面对这个孤独的世界。

这首歌有一种强烈的画面感，孤独，荒凉，所有的光影与声响都是一场美丽的幻觉。

王菲不是没有演过电影，最出名的一定是《重庆森林》的速食店里打工的女孩阿菲。她甚至还演过一部古装喜剧片，在一个简单可爱的故事演一个刁蛮幸福的公主。王菲的身上有一种矛盾的气质，一方面她是剑胆琴心的女神，另一方面她是单纯天真的孩童。这些复杂的性格，在她身上却显得格外和谐。

王菲虽然老唱一些残酷的歌，她却是一个温情的人。世事维艰，只好用心里的一点温热，熨帖这个冰冷的世界。

让我想到了《这个杀手不太冷》。两个孤独的行星，偶然间的相会，好像用尽了全身的力气，去完成了一种跨越时间、跨越年龄、跨越情欲的爱。雷昂熨烫衣服的手，牛奶带着纯粹的幸福，万年不开花的植物是沁人心脾的深绿。玛蒂尔达早熟的脑袋，深沉的眼神和纤细的身体，带着不可预知的可能性，撬开了大叔的心门。

这个杀手不太冷。一个以杀人为职业的人，一个以复仇为目标的人，却温和得不像话。这世界有太多的痛苦，他们都经历了太多不堪回首的往事，所以只好在力所能及的范围内，给予世界最大限度的温柔。这种情感背后，是巨大的悲伤。这是一场救赎，雷昂将自己的生命献祭，以死来完成了痛苦世界中最幸福的事。玛蒂尔达在雷昂的牺牲中得到解脱，从此开始新的生活，脱离那个血腥冷酷的环境，重新寻找自由。

你载我向光明，却甘心滞留于黑暗之中。

你的车终究要开走，徒留我于辽阔的世界之中。

"人生诸多辛苦，是不是只有童年如此？"玛蒂尔达问。

里昂说，"一直如此。"

你的生命还将继续，而我终究要回到家里。

也许人的一生都会遇见很多个这样的共乘，生命就像一条没有止境的环形公路，起点也是终点……海德格尔说，向死而生。好像只有明白了死的意义，才能感受到生命的价值。

这旅途不曲折，一转眼就到了。人生数十年，每一次相遇与陪伴，都是难能可贵的事。

想起《情人》的开头，老年的杜拉斯写道：

"我已经老了。有一天，在一处公共场所的大厅里，有一个男人向我走来，他主动介绍自己，他对我说：'我认识你，我永远记得你。那时候你还很年轻，人人都说你美，现在，我是特意来告诉你，对我来说，我觉得现在你比年轻的时候更美，那时你是年轻的女人，与你那时的面貌相比，我更爱你现在备受摧残的面容。'"

从前在法属越南，一个殖民地白人少女和一个来自中国北方的精壮男子，曾经共同度过的如梦似幻的时光。带着绝望的欢愉，病态的爱情，灰蓝的天空和苍白的白云，浑浊的湄公河河水。爱一次，耗尽一生的记忆。

那时的杜拉斯，穿着家里缝的长裙，戴一顶男式的帽子，穿着母亲的高跟鞋，偷偷用大红色的口红，努力将自己伪造得很成熟。在湄公河留下单薄的背影，孩子般的性感。然后她主动坐上东尼的黑色轿车，将她载进豪华的公馆，在那里，他们放肆地欢愉，在越南嘈杂湿热的环境里，开出一朵绝望的花。这是一次注定短暂的相遇。

跨越两个世界的人，在这个纷扰的世界里，偶然同乘，然后用后半生去怀念。她离开他，磕磕绊绊地去追求自己的人生。少女时代想要的一切终于都如愿以偿，包括在年迈的时候，接到当年的情人的电话。他告诉她：他爱她，永生永世，矢志不渝。

世界之大，我们不断相遇，然后错过。

岁月在人的身上留下痕迹，快乐与痛苦，都在生命结束时一笔勾销，重新进入一种让人心安的境地。

　　谢谢你曾与我共乘。

宽恕

——可你欠我幸福，拿什么来弥补

如是我闻　仰慕比暗恋还苦　我走你的路　男儿泪女儿哭

如是我闻　爱本是恨的来处　胡汉不归路　一个输一个苦

金庸的那么多小说里，我最喜欢《天龙八部》。这一部名字就带着浓浓佛教意味的武侠，少了一份江湖常见的快意恩仇，多了一份家国天下的无可奈何。张纪中翻拍《天龙八部》的时候，王菲献声为其唱了一首片尾曲，林夕作词，名为《宽恕》。

有时候真是相当佩服林夕这个人，一个偌大的江湖，数不清的恩恩怨怨，都用一首词概括了。王菲唱得哀而不伤，那一份无奈，和那一份无怨无悔，九曲回肠，令人动容。深情款款又不卑不亢，这是天后的态度，不炫技，不浮夸，只要有共情，就够了。

江湖是男人的，女人在这个世界里只能当陪衬。但这些如花似玉的姑娘们，终究还是有血有肉有思想的，在金庸的笔下，她们个个性格鲜明，在这个人心险恶的江湖里，闯出自己的人生。

《宽恕》一曲，唱尽了女人的心酸悲凉。如果爱一个人，能怎么做呢？成为他的执迷的信徒，低成一朵开在尘埃里的花，他的一颦一笑，都左右着自己的悲喜，这样的爱是一场不求回报的奉献。古今多少爱上大英雄的傻姑娘，就此痴痴奉献一生。

不得不说，这样的爱让人心疼。多少个清冷的夜晚，陪伴她们的始终是孤灯一盏，灯下一针一线缝的是密密的思念。多少次窗前走过达达的马蹄，带来夫君归来的希望，却总是一次次落空。多少苦苦支撑的时刻，只要想到他的爱，好像就什么苦都算不得了。

仰慕比暗恋还苦。只因为爱上的人，总是有比儿女情长更重要的事。他是要干大事业的人啊，幸福于他，只是人生的微不足道。

《天龙八部》里的乔峰痴情、温柔，有着绝世武功和以天下为己任的抱负。他是江湖不折不扣的大英雄。只是爱上他的女人，没有一个有幸福的结局。阿朱为他牺牲了自己的性命，他才发现自己真正的感情。阿紫为他耗尽一生的爱意，却始终无法感动那一个痴心的人。从始至终，两姐妹都无怨无悔，只是这一个人，注定无法属于江湖里的任何一个人。

又有什么办法呢？爱情这东西，向来没什么道理可讲。爱了，就没法全身而退。

我的意中人是个盖世英雄，我知道有一天他会在一个万众瞩目的情况下出现，身披金甲圣衣，脚踏七色云彩来接我。

只是我猜中了这开头，却没猜中这结尾。

爱上一个爱不起的人，留下的只有有限温存，无限心酸。

这世上有两种女人，一种如同阿朱，用尽一生，全力以赴地去爱一个人，不求回报；还有一种，如同康敏，既然无法让你爱我，就让你恨我吧。整个《天龙八部》的恩怨纠葛，都源于一个女人的报复。乔峰一生的悲剧，都与这个女人脱不开干系，而起因只是因为洛阳百花会上他连正眼也没有瞧上她一眼。

哪怕你恨我，也总比毫不在乎我来得强一些吧。

爱本是恨的来处。

情感来得太过强烈，人就容易变得爱走极端。是啊，乔峰这样完美的人，谁不喜欢呢？全天下的女人都嫉妒那一个得到他的心的女人，更何况骄傲如康敏。有的东西越是得不到就越是想要。这种执念，也实在觉得可怜又可怕。

人家说最毒莫过妇人心。谁又知道，女人的狠毒都源自于爱呢？为了爱，她们什么都做得出。没了爱，她们脆弱得不堪一击。

想起曾经看过的一个故事，讲述了一对夫妇结婚时，丈夫要求妻子必须要在一年内怀上孩子。妻子没有生育能力，却还是同意了，因为她深爱这个人，寄希望于未来，他也许会因为爱她而忘记这个约定。同时，妻子也计划好，如果有一天丈夫因为这个约定而要离开她，那么她就会了结他的生命。她在厨房的水龙头过滤器里装上毒药，平时做饭、煮咖啡都使用矿泉水。厨房就像是她的城堡，她时时刻刻都守候着，为了这个计划，她苦练厨艺，总是让丈夫留在视线范围内，连洗澡都选在丈夫不会去厨房的时候，从不留给丈夫单独接触厨房的机会。

但是，一年后的一天，丈夫还是有了外遇，按照原来的约定，他提出分手。她只是离开了他几天，就完成了她的复仇，却终也逃不了法律的牢判。

这种缜密的心思和隐忍的能力，也许只有女人才能做到。谁会知道她在一年前就已经做好了鱼死网破的准备了呢？痴情的人碰上多情的人，是种绝望的守候。我想，她自己也是有预感的吧，明明知道这段感情注定会是以悲剧收场，却还抱着一丝幻想。只可惜，命运总是爱捉弄有天赋的人，为他们准备更多的考验——遇人不淑，所爱非人。无论如何一往情深，终究无法达到一个完满的结局。她在这一段婚姻中完美得像一个圣女，温柔宽厚，仁慈包容，无条件地爱着她的丈夫，从不提要求，可她又在时时刻刻地考验着她的丈夫，一旦他背叛她，她就转身离去，勇敢而决绝。

一面满足，一面残酷。总有人是这样，他们温和无害，热衷于奉献自己，总是是别人的能量源。他们在这样的奉献中得到心理的满足，因为有的东西很美好，所以希望别人也能够体会。可他们也很残酷，如果你令他们彻底失望，那么他们一定不会留恋过去的温暖和感情，用最温柔的方式完成他们的报复，然后转身离去。

爱而不得，爱而不值，只好变为恨了。也只有恨这样强烈的感情能够承受那些痛彻心扉的爱吧。

幸福这东西，多令人神往。也许因为太过美好，而又太过虚幻，只好成为一个触不到的梦。可是我们也无法停住追求它的脚步。

众生苦，只好从这些不小心说出心声的歌曲之中找到一丝慰藉。幸好我们还有音乐，幸好我们还有王菲。

闷

——这一次，我只想随心随性

谁说爱上一个不回家的人

唯一结局就是无止境的等

是不是不管爱上什么人

也要天长地久求一个安稳

难道真没有别的剧本

怪不得能动不动就说到永恒

谁说爱人就该爱他的灵魂

否则听起来就让人觉得不诚恳

是不是不管爱上什么人

我不怕沉沦　一切随兴

前几天，我跟他一起看了国内的一档算是真人爱情秀节目，顺势说起来，很多国人真是喜欢道德绑架，连爱情也不例外，好像如果不奔着结婚而去，女人便是水性杨花，男人就是风流成性，道德沦丧，动辄便是不负责任，更严重者直接上纲上线到人品问题，让我俩看得一身冷汗，都替国人担心起来，这样充满了道德感的爱情，究竟还剩下多少纯真情愫在？

我一直很欣赏国外的恋爱观，将恋爱也量化。比如分为"date"和"relationship"，date 只是单纯被对方吸引，不那么正式，没有那么多的束缚，只是因为喜欢他的味道，喜欢他的一个微笑，就是肤浅地喜欢着他，又有什么关系呢？只是 date 而已，不奔着天长地久，不奔着了解他的灵魂，这样的爱情虽然谈不上爱，但只是这种喜欢也是很美好的。Relationship 就会认真很多，会考虑两人的未来，会想要好好经营天长地久，会分享生活中的一切酸甜苦辣，是爱上了一个人，会安稳下来。我一直觉得两种感情都是爱情，只是不同罢了，实在是没有必要要求每一段的 date 都变成 relationship，都附加上那么多的沉重以后，只是 date 也可以很好。

此间谈论的并不是崇洋媚外，仅仅是考虑现在的爱情观。现在是"80后"、"90后"的天下，他们从小就生长在信息大爆炸的时代，任何资讯都可以第一时间掌握。相比以往，他们获取信息的渠道更加的自由、宽广。又恰逢计划生育，可以想象每个独自长大的"80后"、"90后"更多地需要靠网络来填补童年的孤寂。

由此来说，自由就是大家更崇尚的精神食粮了。这种自由的、平等的爱情观，必然将挑战中国传统婚恋价值。那么，作为社会的新主人，到底应该顺势而为，还是应该坚守传统？

就中国而言，我们首先应先了解中国传统婚恋价值观的形成原因。中国是世界上经历封建统治最长的国家，这也就说明了人们对于传统的概念会残留一些封建思想，至少儒家思想早已根深蒂固。"男主外，女主内""三从四德""相夫教子""嫁鸡随鸡嫁狗随狗""上得厅堂下得厨房"……这些"妇女守则"便是一些古时传承下来的思想。

传统的规范守则明显地夹杂着"男尊女卑"的思想。为什么会形成这样的思想呢？古时候劳动力低级，生产力低下，往往以体力劳动为主，而这种劳动作业也只能是男人去做，包括打猎、砍伐、建造、战争等。久而久之，就形成了男主外女主内的情况。谁能掌握生产力谁就应当是这个时代的领导者，再相对于奴隶社会的社会性质决定，尊卑观念也就自然而然的形成了。

反观现在，社会变革日新月异，生产力大大地提高，知识分子的重要性远远超过了普通劳动者对社会的贡献。比如：科技领域、医疗领域、生物领域、能源领域、环境领域等。往往一个创意、发明就可以解放更多的劳动力，这是一个讲究效率的时代。在这样一个社会性质下，每个人都是单独的个体，男女之分也越来越单纯、简单，不带有往昔的标签区别，仅仅只是生理上的不同而已。大家在创造社会价值的能力上，是绝对的平等、自由的。

如此来说，男女之间在社会地位上平等了，传统的一些"男尊女卑"的思想就应该摒弃。随之展开来看的话，传统的爱情观是不是也应该变一变呢？

我喜欢王菲《闷》的原因就是这样。用轻摇滚的方式演绎出了现代女性对传统婚恋价值的否定。在结婚前，每个人都是可以自由选择的，选择也是相互的，包括现在社会上流行着越来越多的试婚行为。就是说男女双方在结婚前先尝试着在一起生活，如果两人生活相处得不错就结婚，如果发生了一些问题或是觉得双方不适合在一起生活，就不结婚，像是一种实验的意味。

新时代的女性，应该更加平等、自由地挑选自己的伴侣，不用去管世俗苛刻的眼光。如果每个个体都对自己负责，那么每个个体也就是对社会负责。王菲的《闷》唱出了桎梏女人多年思想的"罪魁祸首"，摇滚的节奏强烈地表达着对美好未来的憧憬。我相信，随着社会自由度慢慢地提高，这个社会终将会走向和谐。

闷 2
—— 一切随性能不能

如果要挑一首歌来代表王菲，我第一个想到的就是这首《闷》。这首收录于 1997 年王菲加入百代唱片之后发表的第一张同名专辑之中的歌曲，风格率性俏皮。王菲在黑白的 MV 里随意地舞动身体，恣意地歌唱，如同微醺一般，放松又自由。王菲的随性与自由源自于从骨子里散发出不安分的因子，好像带刺的玫瑰，或是桀骜不驯的小鹿，让人忍不住被她的独特气质吸引。

王菲从来都不是一个不安分的女人。她无所谓地唱"谁说爱人就该爱他的灵魂"，唱"我不要安稳"，唱"我不要牺牲"。一股子不管不顾的冲劲，好像从来都不怕受伤害似的。而她的每一段感情，都轰轰烈烈，满城风雨。这个敢爱敢恨的女人，从来都不肯让日子过得"闷"。

有的人说摸不透女神的择偶标准。我想，她大概从不为自己设什么标准吧，只要感受到了爱情，她都愿意去试。她聪明、敏锐，而且勇敢。这种飞蛾扑火式的爱情观，让人感叹。她对待爱情的态度，就像她歌里所唱的那般，随心而动，崇尚自由，从不强求什么从一而终。只要曾经拥有，不求天长地久。这是一种豁达的态度。

每个人认识世界的方式不一样，有的人是用看的，不管多么诱人，他们始终守在安全范围内观察着。有的人认识世界是用摸的，小心地触碰着这个世界，感受它的棱角和温度，虽然有受伤的危险，但还是可以控制的，不至于让自己落入绝境。还有的人认识世界的方式是用身体滚过，他们鼻青脸肿，遍体鳞伤，但生活的每一块凸起和凹陷，他们都切身体会过。他们不怕痛，不怕受伤害，这种不要命的方式，只因为他们不愿在生活中留下一点空白。

其实人生那么长，只要有趣就够了。谁能说清下一秒会是怎样呢？生老病死，这个世界上总是有那么多不由人的事，如果意外比明天先来，这一秒还活得憋闷的我们会不会遗憾呢？

身边总是有很多女性朋友，有渴望恋爱的心，有心仪的异性，甚至有暧昧的对象，但却总是不敢迈出那一步。盘算过来盘算过去，生怕自己吃了亏。爱情变得像是对弈，小心翼翼，步步为营，哪怕再是心动，也不愿意失了风度。当个正经矜持的淑女，过着计划中的舒适而规律的人生，这样的桥段就像是发生在古典爱情小说之中，总是好像缺少那么一点令人激动的东西。思量过来，思量过去：品行好的，似乎又有些无趣；有趣的花样少年，好像又缺了些稳重；风华正茂、温柔儒雅的，又担心对方条件太好；真要投资一支潜力股，好像又觉得有些不甘心。爱之前，就要想到爱的 108 种结局，还没开始爱，就先被自己纠结死。真是让人看了都着急。这个看重得失的社会生生磨灭了冲动和感性。

然而，谁又能安慰这些蠢蠢欲动的年轻少女的心？简·奥斯汀的时代已经过去，但经久不衰的爱情小说始终为女人们所喜爱。平静如水的生活里，女人们依靠这些文字捕捉惊喜。如今的年代，人们或许会越来越开放，生活或许会越来越多样。只是这份关于纯粹爱情的信仰与幻想不知道还有多少人保留在心中？

如果我现在没有爱人，那么我就是在等待爱人的过程中。

不管受过什么样的伤害，我始终相信爱情，相信自己。

有时候格外欣赏王菲，不仅仅是因为她敢爱，还因为她敢恨。我们也看多了痴男怨女的戏码，看多了执迷不悟的悲剧。都说爱情让人盲目，太过浓烈的爱，有时也会让人变成傻子。多少人在对方明明不爱时，忍气吞声，痴痴等待，期盼一次回心转意的奇迹。还有多少人在爱情耗尽之时，满身伤痕依旧苦苦支撑，让两人都生活在痛苦的泥淖之中。有时候，接受爱情已经离去的事实，比"无止境的等"与"求一个安稳"更需要勇气。

从古至今，我们见多了这样的故事。戏台上演的是王宝钏苦守寒窑十八年，话本里写的是秦香莲痴等陈世美。古代的女人们只能用等待来欺骗自己的心，等来的人也不知是否值得爱一生。那些冠冕堂皇的才子呀，总是在悼念亡妻之时写下"惟将终夜长开眼，报答平生未展眉"这样的句子。只是生的时候未曾得到的爱，总是死后再追忆，又有什么用呢？人生得意须尽欢，日子过得这样闷，总是显得格外难熬的吧。

对于一些人来说，爱情只是生活的奢侈品，是生活的糖，有会格外甜蜜，没有也不影响。而对于一些人来说，爱情则是生活的必需品，是生活的盐，不能没有它，只是放太多也会太咸。我们不知道什么时候能够遇上爱情，文人们用太多的句子来形容这样的场景，但真正遇上的时候，谁又能算出这段感情是一时还是一辈子？若是苦守在一段不开心的感情关系之中，抱着一丝回心转意的希望，便是杜绝了其他幸福的可能。谁说爱上一个不回家的人，唯一结局就是无止境的等待？真爱说来就来，若是来时没做好准备迎接它，那么它走掉岂不是要追悔莫及？人活一场，总是有义务让自己过得更好的。

王菲是个真性情的人，爱与恨，都跟随自己的本心。就像这一首《闷》，轻松的曲调与玩世不恭的态度底下，是一颗赤子之心。

难怪王菲如今年逾不惑还能保持一张青春不老的面孔，要唱爱情能够甜如蜜糖，要唱相守能够唱得辗转缠绵，要唱难过能唱得让人伤心欲绝，要唱无奈能让人唏嘘慨叹。

这种的收放自如，只因为她的心里住着一个始终相信爱情的无邪少女。

阳宝

——我说阳光会不见，你说你不后悔

我错了

希望月亮带给你安慰

你说你

要的不是这种光辉

王菲唱了很多歌，发了很多唱片，当之无愧是乐坛天后。在她发表的那么多专辑中，2003 年发行的这张《将爱》是我最喜欢的一张。此时的王菲，唱腔介于甜美与颓废之间，褪去了青涩，形成了自己独有的风格。她在历经了人生的曲曲折折之后，似乎达成了与生活的和解，让自己不再显得那么突兀，而是用一种更平和的方式与这个世界共处，不和这个世界为敌，也不湮没自己的个性。

这首《阳宝》是王菲自己作词作曲的，阳宝指的是需要阳光的宝贝，她用向日葵来比喻爱人。细看歌词，这首歌写的是一个很无奈的故事。向日葵拼命追求阳光，可是阳光总会消失，消失之后向日葵便憔悴不堪。而旁人对此却束手无策，因为无论怎样想替向日葵找到阳光的替代品，向日葵都只要太阳的光芒。这其实是个颇为心酸的故事，王菲唱出来，却没有唱得煽情，而是显得克制又包容。也许在见过那么多事之后，她变得成熟多了。

曾经沧海难为水，有的人，有的事，你未曾经历，就不知道原来人生可以如此美好。向日葵田在阳光下蔓延开来的样子是很美的，金色的花朵让人有一种积极向上的感受。常常有人用向日葵来形容灿烂的微笑，只是向日葵的心事又有谁知道呢？

人生在世，不如意之事常常十有八九，各人有各人的业。追寻太阳的向日葵，像极了苦心孤诣追求某件东西的人，他们的内心里有着常人难以想象的执着。这种执着——或许可以称作执念，也许就是一种宿命吧。这就像一种召唤，让人不自觉地去跟随，哪怕食不果腹，也不能够放弃。

现代职业多元化，与钱有关的工作大都炙手可热，人活着就需要金钱，很难想象有人会放弃的优渥的生活，放弃证券经纪人的职业，甚至放弃高度发达的现代社会，去一个远离现代文明的太平洋孤岛，去和尚处于原始社会的原住民打交道。这一切，只是因为这个人渴望艺术，渴望作画，渴望用新的艺术形式来探索这个世界。画画变成了他生命的全部意义。他的妻子不能理解他为何要这样做，倘若是要画画，也可以做一个生活舒适的画家。她无法接受他的理由，无法理解对于向日葵而言，除了阳光，其他任何一种光芒都无法替代。他毫无绘画基础，一切都要重新开始，学习如何运笔，学习如何调色，学习如何用画面来表达对世界的观点。

胸中有一种郁结在内的东西，驱使着他去画画，在追求梦想的时候他穷困潦倒，实验性的画法不被认可，作品卖不出去，生活举步维艰。万幸的是，他又赶上了一股艺术的浪潮，此时，莫奈的印象派画风席卷欧洲，成了一种富人炫耀的资本。他曾经不被认可的画作，一时之间变得洛阳纸贵。只是成功依然无法阻止他向往远方的脚步,他渴望去过更简单、更基本的原始生活。他隐居塔希提岛,孤独地创作出了大量的画作,这些画原始、神秘、野蛮,透露出了人类最初的生命力,那种没有束缚的疯长的姿态,从画布满溢而出,让身处文明社会的人感到不齿。他在巴黎办了一次展览,自认为高贵的巴黎人对他的作品毫不感冒,甚至加以嘲弄,可谓是失败得一塌糊涂。他只好又重返塔希提。可是由于病魔缠身和家庭巨大的变故,巨大的痛苦席卷而来,让他痛不欲生,他想到了自杀。感受过阳光灿烂的人,便再难以忍受没有阳光的日子。可他终究没被黑暗带走,在与死亡的亲吻之中,他重新感受到了生命。于是有了他的传世名作《我们从哪里来?我们是谁?我们往哪里去?》。

高更如此疯狂地追求艺术,甚至以幸福为代价向魔鬼交换了才华。我第一次听说他,却是因为他与梵·高的关系。他也许是梵·高在世时为数不多欣赏他的人。这两个艺术的疯子,在巴黎短暂地相遇,狂傲地放话说要给世界留下"一份新艺术的遗嘱"。

两人憋着劲地画画,梵·高热烈的画面和反传统的喷薄而出的强烈情绪,与高更清淡的画风形成了强烈的对比。两人对于艺术的理念不同，相互欣赏又无法相互妥协。梵·高的疯狂和情绪化，与这个世界格格不入。他为了证明自己的爱，将手放在火上烤，为了向一个妓女表白，可以割下自己的耳朵。他就像自己笔下的向日葵，浓稠、热烈又颓废。高更无法和他相处，无法劝解，却一直资助梵·高，供他生活，帮他付医药费。

梵·高在和医生发生一次争吵之后，他还是叩响了手枪的扳机，完成了最后的疯狂。

这两人啊，都是离不开阳光的宝贝。旁人无法理解阳光的意义是什么，对于他们，也许就是全部的世界。

我想高更也懂，梵高要的也不是那种光辉，只是同为将灵魂卖给魔鬼的人，他也无法替梵·高做什么。

不知他们在天堂，是否离太阳更近了一些呢？

阳光下的宝贝，格外耀眼。

阳光下的笑脸，略显疲惫。

第六辑

/

我希望你快乐

/

王菲的一举一动好像都可以登上各大报纸的头条，
无论是音乐还是爱情，无论是电影还是广告，
只要有王菲的地方，就有新闻，就有舆论，
就有一千万种不同的理解。
作为一个支持王菲很久的歌迷，
我只想说，我并没有很了解你，
我只是在你的歌里、故事里构建了一个可以跟我说话、
可以做我朋友的你，对这样的一个你，
我只想说，无论你在做什么，我只希望你快乐。

誓言

——我以为永远可以这样相对

前面的路也许真的并不太清楚

放心地走了以后也许会觉得辛苦

也许会想停也停不住

　　每个谈恋爱的人，或许都有一个隐秘的愿望，就是渴望得到全部的对方。而每个恋爱的人又总是抱有不切实际的梦想，希望能够一直幸福直到永远。明明知道有的人和事不是我们能够控制的，却始终没办法摆脱这样的情绪，或许是因为感受到了美好，所以希望能够拥有更多。有人说，恋爱中的人智商为零。在成年人做傻事的数量里，有百分之八十都和恋爱有关。恋爱的魔力让人不知不觉陷落到连看着一只垃圾桶都能傻笑的境地。想要对对方好，想要留下一些恋爱的证据。

于是，就有了王菲和窦唯合作的这一首《誓言》。王菲自己又作词又作曲，窦唯也参与其中。两个人的心思，都含在了这一首歌曲里。

《誓言》并不是一曲甜蜜的歌曲，反而更像是一个不安的女人在碎碎念，念着她的烦恼和她的担忧。这种心情，用如今流行的话来形容，就是"爱上一匹野马，可我的家里没有草原"。只是唱着《董小姐》的宋冬野心中或许更多的是无奈，而非王菲这般唱出的是深埋在内心里的怨。

这世上有一种人叫作浪子，浪子的身上有着特别迷人的气质，他们富有魅力和才华，能够把生活过得精彩纷呈，一刻也不能停止脚步。如果普通人的人生是长明的灯火，那么他们就活得如同烟花，绚烂得让人离不开眼。他们就像是自由歌唱的蟋蟀，从来不考虑即将到来的冬天。你若是爱上了这样的人，只好替他们去承担生活里世俗的部分。成就浪子的是他身后众多的恋人。

浪子从来不考虑以后，所以也别想在他们那儿得到什么承诺。和他们在一起的人，总是无法感受到安定，因为他们是注定要漂泊的人。可是又能怎么办呢？我已经掏出了我的真心，可以挽留住你吗？

歌里王菲唱："把我的心交给你来安慰，能不能从此就不再收回？"

浪子都是浪荡惯了的人，他们从不为自己设限。若是觉得不快乐，不自由，他们就会转身离去。责任对他们来说，是太过沉重的东西，绊住了他们的脚步，将他们从云端拉下尘世。

有时候觉得比起浪子，他们背后那些敢爱敢恨的女人显得更加勇敢，更加坚韧。至少她们不会害怕承担，不会担心束缚，并且甘愿为了爱做出牺牲。

当初王菲爱上了窦唯，甘愿陪他吃苦，陪他折腾。所有的守护与陪伴，都是因为强烈的爱。只要你肯给出一个真诚的绝对，我真的做什么都无所谓。

在北京的胡同里过着清贫但幸福的日子，两人在一起，做热爱的音乐，甚至孕育了新生命。

王菲有一颗赤子之心，总是真诚地对待生活，始终怀抱着希望和一颗不怕付出的心。

《爱的艺术》里说，天真的、孩童式的爱情遵循下列原则："我爱，因为我被人爱。"成熟的爱的原则是："我被人爱，因为我爱人。"某种意义上，同龄的女人大都比男人更成熟，男孩子们还在胡思乱想、怕这怕那的时候，她们就开始明白"不管未来如何，只要爱了就是值得的"，懂得"付出比收获能得到更多的幸福"。

前路漫漫，中间有多少未知数，倘若因为不敢，就不愿意踏出一步，这将是多么可惜的一件事。两个人只要有一个人没有决心，那么就会是不稳定的感情。遇到考验就退缩了，这样的爱当如同过家家过一般，只是一场闹剧。

同样是恋爱中，谁都有不安与忐忑，总有一个人要在咬牙坚持的时候故作豁达，给对方信心。

王菲唱道："也许未来并不太清楚，放心地走了以后，也许会觉得辛苦，也许会想停也停不住。"

我无法做出保证，未来的生活一定比现在更好，无法保证会不会得到幸福。这是我们不能控制的未来，我无法开出一张空头的支票。但是有一件事我从来不曾后悔，那就是曾经毫无保留地爱过。

这几句歌词唱尽了女儿家的心事。明明渴望一个承诺，又不愿意逼迫他。明明想要一个光明的未来，却不想束缚爱人自由的脚步。因为怕你将来后悔，于是提前告诉你未来的难处。可是渴望在一起的心情，让她又补充一句没有底气的"也许会想停也停不住"。

原本以为我们可以永远这样相对。别以为执着的心就不会被碰碎。

"我以为"还是透露出了命运的无力，没能长相厮守也不是没有怨念。可是能怪得了谁呢？这一切难道不是自作自受吗？人生那么长，又怎能因为一次恋爱就裹足不前。不管怎样，也只能收拾好自己的心情，去面对更多的考验。

最后的最后，王菲还是选择独自抚养共同的小孩，这一个可爱的小生命是这段感情最鲜活的纪念品。

　　事已至此，那些没说出口的誓言，也就没什么意义了。

天空

——孤单的时候，世界独独剩我一人

你的天空可会有冷的月

放逐在世界的另一边

任寂寞占据一夜一夜

天空藏着深深的思念

等待在世界的各一边

任寂寞嬉笑一年一年

《天空》是王菲的歌里，我最喜欢的一首。歌词很少，却让
人心里难受起来。真是难以想象，1996 年，27 岁的王菲就会有

这样的感触和心境将这首歌唱得使听者心里拧起来。我一直把这首歌当作自己骄傲时的一瓢冷水，或者寂寞时的一曲安慰。在夜深人静的夜里，戴上耳机，音量调大一点，王菲的颤音像很远处的天籁之音将心里的伪装一层层剥下来，露出不愿跟外人道的敏感神经。

我最喜欢王菲的原因，除了她在这个"天下熙熙，皆为利来，天下攘攘，皆为利往"的社会勇敢做自己之外，就是王菲的声音是可以唱到你心里的，不关曲调歌词，单纯听王菲的声音，就会将心门打开，王菲的歌曲，是有感情的，就像一个深入人心的角色，让人忘记了演员，以为这不是一场戏而是一段真真实实的人生。长大以后，突然又觉得，这样唱歌会不会很累，每一次都投入自己，就像演戏一样，入戏太深对于演员也是一种不小的折磨吧。

寂寞这个词，其实现在都不是很想用了，忘了从什么时候开始，这个词的漫天滥用让这个词失去了最初的意义和情境，无聊无人陪伴可以叫作寂寞，无病呻吟时可以叫作寂寞，得不到不很喜欢的人也可以叫作寂寞，甚至随口表达自己的一种心情也可以叫作寂寞。我是钟爱这个词的，不愿意轻易去使用的。寂寞是一种内心平静时的感受，是世界之大孤身一人的寂寥心情。就像生与死，无人能够感同身受的相陪体验。它太过沉重，很难与他人分享。于是，歌曲就成了一种更好的沟通方式，让那些不想说给别人听的心情得到了一个宣泄的出口。

每次心情特别低落的时候，听到王菲的声音，总会觉得自己不是孤单一人，觉得自己有人理解，有人陪伴，原来，那样的难过并不是只有我一个人有。我特别爱王菲在这首歌里的唱腔，透着一股撕心裂肺的难过和难以自控，较之其他歌曲里的淡然洒脱，这首歌更能形容为如泣如诉。让人能把自己的心事在这首歌里一吐为快，就像找到了一个懂得倾听的知己。

每次觉得自己是天之骄子的时候，也会偶尔听这首歌，心好像一下就可以平静下来，周围喧嚣忽然看清，觉得不过是些浮华之事罢了，在人生巅峰的骄傲时刻沉静，总能发现一些平常忽略的东西，比如疏远了的好友，比如远离的爱人，越明白自己在世间寂寞孤身一人，越是能够珍惜手中已经拥有的东西。

《天空》这首歌发行于 1996 年，凭借这首歌，王菲入围了台湾金曲奖最佳女演唱人奖、专辑奖及最佳录音唱片奖。1996 年，王菲 27 岁，这一年对王菲意义巨大。这一年，王菲推出了她和窦唯一起打造的国语专辑《浮躁》；这一年，王菲和窦唯奉子成婚；这一年，王菲成为继巩俐之后第二位登上美国《时代》周刊封面的华人明星；这一年，王菲获得美国 Billboard 流行榜华人世界最受欢迎女歌手奖，香港商业电台叱咤乐坛流行榜女歌手金奖，香港无线电视电台劲歌金曲亚太地区最受欢迎女歌手奖，还有香港新城电台劲爆女歌手奖。

　　在如此多的风光之下，在事业和爱情都如此丰收的一年，王菲仍然可以唱出《天空》里这般冷静寂寞的声音，不禁让人感叹，高处不胜寒。

　　王菲应该是很懂得什么叫作寂寞的。她在 4 岁的时候被寄养到姨妈家，两年后又被送回。4 岁的孩子是最需要安全感的，这样需要关爱的两年和爸爸妈妈分离想来是给王菲带来不可弥补的不安全感的。之后，18 岁的她随父亲来到香港，从此进入乐坛，想来身不由己、力不从心的事情也是更多的。我很残酷地想，要不是经历过如此多的事情，王菲也就不是如今能够唱出世间冷暖的灵魂歌者了。

写到这里，很想写一写被很多父母忽略的童年。据调查显示，大部分的人都有着或多或少的童年阴影，也就是说，童年并不像书本里所说，永远是快乐的。父母总是会说小孩子什么都不懂，但其实很多人的性格缺陷都是源于很小时候的童年阴影，最常见的，就是没有安全感。长大以后的寂寞、孤单、无法信任他人，追溯到最早，可能真的只是少了父母的一句安慰、一个拥抱、一个和睦的家庭。

在我还很小的时候，那个时候正在上初中，正是青春期叛逆的时候，很多时候都觉得好像整个世界都在与自己为敌，现在想来，那时特别地不成熟，表达不满的行为是如此的幼稚，但是依然清楚地记得那种无人理解的难过。很多个晚上，自己一个人蜷着身子，背靠着墙，不敢出声地大哭，心里千般万般委屈，回头想来，那个时候的感受先不说幼稚或者正确与否，但真的有种自己站在世界的另一边，任寂寞侵犯一遍一遍的无奈感受。歌曲能够打动一个人的内心，将歌手这样一个陌生人视为知己，原因主要也是因为这些歌曲唱出了很多人的故事，曲调里不是简简单单的音符，而是很多人一段无法忘记深有感触的回忆。

王菲的歌曲正是代表了很多人的回忆、很多人的故事，让很多人在寂寞夜里有了陪伴，有了来自陌生人却熟悉的理解，而这些让人永远无法淡忘掉她的声音。

因为爱情

——天后归来

因为爱情　不会轻易悲伤

所以一切都是幸福的模样

因为爱情　简单地生长

依然随时可以为你疯狂

因为爱情　怎么会有沧桑

所以我们还是年轻的模样

因为爱情　在那个地方

依然还有人在那里游荡

人来人往

王菲的歌大部分取决于其空灵的嗓音与词曲精妙的编排，带给人的往往是慵懒午后的惬意。小清新为主，唯美的词曲勾画，让人心中烦闷尽消。而这首《因为爱情》却带给人们别样的天后。

　　刚开始听到这首电影主题曲的时候是友人推荐。起初看到是陈奕迅和王菲演唱的，心中还是有些许的激动。对于现存情歌歌手中，这是两位堪称天王、天后级别的歌手。当前奏响起来的时候，舒缓的韵律流淌出音响，我便觉得这首情歌定是承袭王菲往日的情歌风范，惊喜之处便也只不过是天王、天后的合作吸金罢了。再看看歌词大意，也只觉得不过是普普通通的儿女情长，大不及生死大义，小不至情愫微腻。囫囵听罢便告知友人此歌唱功方面必然没的说，只是强拗的组合搭配，未免不知所然，一味地强强联合，不顾词曲搭配，意境传达，也只不过是昙花一现罢了，算得不上精品之作。

　　过得几日后在影院看了这场电影——《将爱情进行到底》，观影后便致使我对此歌的看法颠覆。去看这部电影的原因和《因为爱情》这首歌来说还颇有些渊源，竟也算得上"造化弄人"。

时当电视剧版的《将爱情进行到底》热播的时候，对待爱情这种玄幻的东西还只是好奇。几年过后，我渐渐地喜欢上了老歌，当我复又听到陈明《等你爱我》的时候，我整个灵魂都为之一颤，那种忘我的爱情，声嘶力竭的呐喊，不正是我对爱情的认同吗？当时的青春年少，骄狂恣肆，让我犹如飞蛾扑火一般憧憬着爱情的绚烂美好。

现在青春即将逝去，但对《将爱情进行到底》的热情却有增无减，虽不渴望可以返老还童，但心中那份悸动却也不曾消逝。每当听到《等你爱我》的时候还是会涟漪微荡……伴随着这份憧憬，便去看了这部电影——《将爱情进行到底》。

影片的三部分让我看得唏嘘不已，独自感慨着青春、缅怀着爱情、苦笑着命运……渐渐的电影进入了结尾，我也如大梦觉醒般地流下了眼泪。在回家的路上脑海中一直有个旋律挥之不去，到家中查找到了这部电影主题曲——《因为爱情》。还是那个旋律，却听出了很多很多……

这部电影就像钥匙一般，解开了我所有对《因为爱情》的不解，回答了我所有对爱情的迷惘。

王菲称得上是个女高音，精准的真假音切换是她叱咤乐坛的独门绝技；陈奕迅则是个中低音歌手，两者的音域跨度太大，品评起来会显得突兀不解。这也是我第一次听到此歌时的心态，就因为这先入为主的观念让我妄言了一首经典曲作。《因为爱情》的词曲人小柯老师之所以选择王菲和陈奕迅来演唱这首歌，必然希望通过他们的演唱可以演绎出一番经典爱情。女生部的清新、委婉、高扬，彰显着爱情中的女方不为困苦阻挡，对爱情信仰的奋勇前行，飞蛾扑火，致死守护爱情的坚定眼神；男生部的低沉、优雅、厚重，体现着爱情中的男方沉重责任，诸事方面的左右为难，却又放不下心中所爱之人，希望给予她完美的爱情，再难也要坚定地走下去，再苦再累也要隐忍万般，为着她，幸福一笑……

　　当我喜欢上陈明的《等你爱我》的时候，就一直关注着小柯老师的词曲。说来也巧，《因为爱情》也是小柯老师亲自操刀。同一名词曲人，出自同一部影视作品的主题曲。一个是青春年少，止致癫狂，天高地厚，只为等你爱我；一个则是相望无言，泪眼婆娑，感慨命运难舍因为爱情……小柯老师的词曲功力很是了得，往往可以把大爱深远表之于温婉动人，把细腻情愫彰显于博爱胸襟。当你经历了刻骨的爱恋后再反观其《因为爱情》的歌词，不禁为之动容……

时隔电视剧版的《将爱情进行到底》已经许多年过去了，从前的青葱岁月也早已经成长为成熟稳重。在这拥挤纷繁的大都市里，大家拼命地赚钱，努力生活，努力奋斗，只为找到自己的归属感。虚伪的面具时时刻刻地戴在脸上，真诚早已不再，习惯性的扯谎却也成为一种社交礼仪。我时常思忖，到底是我们改变了世界，还是世界改变了我们。一腔热血报国心，却也终将变为三尺冰河地下泉。

或许正是这首歌让我看到了希望，看到了坚持的意义。因为爱情，我们可以不顾一切地憧憬梦想；因为爱情，我们可以不惧艰险地狂奔向前；因为爱情，我们可以手挽手、肩并肩地傲视天下……爱情是人类永远的信仰，在爱的信仰中，你可以重新找到青春岁月，重新扬帆起航。年龄虽已不再年轻，却抵挡不住心灵奔放，青丝变白发，却应老而弥坚，前方多荆棘，走走停停，却也少不了那沿途美景。

当音乐戛然而止的时候，仿佛自己经历了一番前所未有的生命旅行。陈奕迅告诉你，不论爱情或是生活，都要沉着、冷静，尽管世态严苛，但我们还有爱的信仰，便也无所畏惧；王菲告诉你，不论爱情或是生活，都要积极，奋勇，不论前途艰险，但我们还有爱的信仰，便无人敢拦。

此时，放下了手中的笔，缓缓移步到了窗口，午后的阳光已经西斜，暑气也渐渐退却，激动之心也已渐渐平复。有人只道骄阳无限，热力四射；我却此言黄昏依旧，怎知明日光景？

光之翼

——离开科技哪怕一秒

张开透明翅膀　朝着月亮飞翔

搜寻最美一个现世的天堂

越过世界尽头　跟随我的预感

乘着幻想的风　散落无数的光芒

《光之翼》这首歌是 2001 年王菲在百代推出的最后一张专辑《王菲》中的歌曲，这张专辑中的歌曲已经不是原来王菲的风格，在这张专辑中，王菲放弃了以前淡然空灵的嗓音，唱出了一股朋克的味道。尤其这首《光之翼》，如若不说歌手，可能很多人都不会认为这是王菲的声音。很多人批评这张专辑，说王菲失去了原有的自己和个性，但我想不断尝试各种音乐风格，只做自己喜欢的音乐，不讨好市场，才是王菲原有的个性吧。

在这首歌中，我最爱最后一句，王菲声音的一划而过，轻飘飘的，勾起心里蠢蠢欲动的灵魂，好像乘上了幻想的风，离开这个地方，找到了一个现世的天堂。这首歌很好地描写了现在的科技时代，在电脑网络覆盖了一切的时代，好像一切真实的东西都离我们远去了，剩下的只是手机屏幕的闪闪发光和朋友相对却无交流的新信息时代。在感谢科技如此发达的同时，心里还是很压抑的，好像自己的身体已经离我而去，好像自己终有一天会变成一串代码或者一个网页，消失在这网络的大海里。

我十分热爱旅行，不管长途或者短途，不管国际或者国内，甚至出去家门去到一条没有走过的街，我都是十分开心的。在过去的一年里，由于学业以及各种事情并没有时间去到很多的地方，每天都沉浸在电脑和手机里，离开手机打开电脑，关上电脑打开手机，在这样的循环往复里，一天晚上，我突然忘记了自己是谁，好像一瞬间灵魂离开了肉体，从高空俯瞰着自己捧着手机的陌生人，那一刻我真的觉得自己已经死去，死在网络千千万万与我并不相关的信息里。

于是，我遁走了。去了另外一个我不熟悉的城市。走在不熟悉的街道里，触摸不熟悉的墙壁，看着那些百年来孤单矗立的建筑，心里却突然觉得生命如此的真实，肉身所见所感跟网页里那些影音图片是如此不同，生命美妙其实也在于此，只有肉身所感才能真正融进你的生命里，从此岁月老去，记忆永存。在那个城市里，我见到了很多老字号的商铺，青砖绿瓦上的木质匾额写着某某记、某某字号的式样，感觉百年时光根本不曾有过，走的还是百年前的道路，看的还是百年前的房屋，吃的还是百年前的店铺，一切都与百年前并无不同，这种触觉和感慨，是如今网络世界中无法替代的。我还记得，在一家小吃铺的门口，看到了一个卖拨浪鼓的老人，头发花白，只静静坐着，好像百年以来他都是坐在这里，看着百年来的岁月变迁，那一瞬间，是真的觉得自己是真实活在这个世界上的，从心里深处发出一句活着真好的感慨。

直到现在，我还是会每过一段时间，就会对网络世界深恶痛绝一回，然后出去旅行，发现一些新的景色、新的感觉，新的生命烙印。每次回来，都会感觉自己更有生命力了，也许这就是为什么我想要去更多新的地方，看更多没看过的风景，经历一些没经历的故事的原因吧。我想2001年的王菲，也是想要重新出发，开始一段新的音乐旅程吧？

王菲从出道之初，就以特立独行著称。《时代周刊》曾经指出，王菲是一个"勇敢做自己"的人，王菲将这种冷傲不羁、随意洒脱的个性跟音乐方面的过人天赋结合起来，才有了后来影响了整个华语甚至亚洲乐坛的"王菲时代"。跟她合作过多次的张亚东曾经说过，阿菲是个特别宽容的人，也特别自我，她不会在乎别人说什么，而有的时候，别人说了或者做了让她不开心的事情，她也会很宽容。也许正是这种性格，才能让王菲在外界诸多质疑的情况下，都可以静下心来只做自己喜欢的音乐，而不理会舆论的评说。说来讽刺，王菲越是高举反商业的大旗，公开宣称"不讨好市场，只讨好自己"，越是做自己喜欢的音乐，市场反而越是认可。反过来想，如果当初的王菲不是那个特立独行的王菲，如今也就不会有那么多经典的如天籁一般的歌曲了。

《王菲》这张专辑直至今天也有诸多质疑，在这张专辑中，王菲的词曲创作者都发生了很大的变化，她放弃了一直合作的梁荣骏等人，起用了例如梁翘柏、蔡健雅等人，给这张专辑注入了更多不同的类型和曲风，也让这张专辑变成了一张并无主打风格的专辑，虽然很多人对这张专辑诸多诟病，但王菲这种能在巅峰时期还渴望改变，尝试新音乐风格很让人敬佩，而且这张专辑每首歌在多年以后也都能经得起反复聆听的。十几年过去，世界仍然是这样的浮躁，重新再听这首歌，在王菲酣畅淋漓的声音里静静思考，也许下一秒就真的能够找到一个脱离现在虚拟世界的、另一个现世的天堂。

执迷不悔

——奋不顾身的青春和爱情

这一次我执着面对　任性地沉醉

我并不在乎　这是错还是对

就算是深陷　我不顾一切

别人说我应该放弃　应该睁开眼

我用我的心　去看去感觉

你并不是我　又怎么能了解

就算是执迷　让我执迷不悔

很多人说，青春是一段说走就走的旅行，还有一场奋不顾身的爱情。从遇见窦唯的那天起，王菲的青春载着众人茶余饭后的议论纷纷扬帆起航，驶向执迷不悔的爱情海洋。

爱情最炽烈的时候，发的誓言都是斩钉截铁的，很久以前的民歌里唱着"上邪，我欲与君相知，长命无绝衰。山无陵，江水为竭，冬雷震震，夏雨雪，天地合，乃敢与君绝。"句句掷地有声。两情痴缠中，也有人唱着"枕前发尽千般愿，要休且待青山烂"。爱情美好到极点，想必是什么都不会怕的，相爱的人都发过这样的愿——哪怕如何，哪怕又如何，我都会爱你。好像冥冥之中漫长旅程一眼就望到了头似的。遇到窦唯后，王菲的心怕也是这样，哪怕如何，哪怕又如何，我是愿意同你在一起的。

哪怕别人说我应该放弃，应该睁开眼，哪怕与你相爱是个错误，哪怕最后我爱得遍体鳞伤，我都要爱你。爱一个人爱到最深处，自己仿佛婴儿般，心里眼里只有那个人，柔柔软软缩成脆弱的一团腻在那个人怀里。被伤害被抛弃也无力挣扎逃脱，长大后只能安慰自己这是一段必经的旅程。

执迷不悔，单是这四个字，就戳中很多人心。谁的青春年代没为了某个人、每件事而执迷不悔过呢？人生中的多少事情，明明知道没有好的结局，却义无反顾地奋不顾身地去做了。

王菲怕是受够了自己的青春年华被当作茶余饭后的瓜子嗑来嗑去，那时的她还不是天后，还没有看破人人被人言的怪圈，她唱着，你又不是我，又怎能了解，就算痛苦就算是泪，也是属于我的伤悲。倔强地对着世界大喊，像个反叛的孩子，对着父母大叫"我不用你们管我"。中医讲，不通则痛，当无法与这个世界交流，被人言伤得无处可躲，爱情就算没有那么美好也变成了完美的避风港。不执迷不悔又有何处可去呢？当多年后两人分道扬镳，那些说着王菲不听老人言的世人啊，不要把自己美化成看到孩子失足痛心疾首的父母，你们只是不懂如何爱的爱她的人们或是幸灾乐祸的人们啊。

1993 年，王菲和窦唯相恋。

1996 年，王菲和窦唯结婚。

1997 年，王菲为窦唯诞下一女。

1999 年，王菲和窦唯离婚。

再轰轰烈烈的爱情，甚至再轰轰烈烈的一生，最后寥寥几句都可说明。只是中间几多波折、几经沧桑，只有本人才能明白。这样说来，歌里唱的是没错的，只是这一次是自己而不是谁。本来人生也好，爱情也好，起点与终点永远大同小异，无人代替与重复都是那些纷至沓来的旅程。爱情或人生的美好之处不就恰好在这里吗？

遇到窦唯的王菲，像被爱情镀上一层金黄的美丽色彩，音乐风格都越发不同起来，《执迷不悔》这首歌就像是两人联合向世界展示爱情的定情信物，完完全全是两人爱情的见证和结晶，也同样是很多人二十几岁的爱情写照。这也是这首歌时至今日也被很多人喜欢的原因吧，不论结局如何，用心的歌曲总是会打动很多人的心。

有一本书里写道：世界上最美好的事情不是你爱我，而是你的爱让我变成了更好的我自己。不管他们的爱情的结局，最起码在他们相恋的这几年里，互相成就了彼此。王菲的音乐越发有灵有肉，从音乐上讲，和窦唯的爱情将王菲送上了歌坛天后的圣坛。至于背后的几番痛苦挣扎，怕都是如人饮水，冷暖自知了。

时隔多年，王菲的爱情故事分分合合，她仍是那个执着于爱情的人。很多人怀念青春，是因为走着走着就失去了曾经坚持自我的那个自己。多庆幸时光易老，她却还有那份追求爱情的少女心。王菲曾说，年纪愈大，愈难遇到一个能令自己心动的人，我不愿错过。作为歌迷，作为希望能听到歌曲中灵魂的乐迷，很庆幸她还是那个执迷不悔的王菲。